Afikile Ngunga
Kunseh Betek

Métodos utilizados pelos agricultores para melhorar a fertilidade do solo para o cultivo de culturas

Afikile Ngunga
Kunseh Betek

Métodos utilizados pelos agricultores para melhorar a fertilidade do solo para o cultivo de culturas

ScienciaScripts

Cover image: www.ingimage.com

This book is a translation from the original published under ISBN 978-3-330-32634-7.

Publisher:
Sciencia Scripts
is a trademark of
Dodo Books Indian Ocean Ltd. and OmniScriptum S.R.L publishing group

120 High Road, East Finchley, London, N2 9ED, United Kingdom
Str. Armeneasca 28/1, office 1, Chisinau MD-2012, Republic of Moldova, Europe
Printed at: see last page
ISBN: 978-620-7-39386-2

RESUMO

A África do Sul é um dos países em desenvolvimento que pratica a agricultura. O objetivo da investigação era avaliar os métodos utilizados pelos pequenos agricultores para melhorar a fertilidade do solo para o cultivo de culturas e o impacto no ambiente circundante, bem como preservar a qualidade do ambiente para as gerações futuras, sendo ao mesmo tempo economicamente sustentável. Os questionários e a observação não participante foram os métodos utilizados para a recolha de informações junto de uma amostra de 50 pequenos agricultores seleccionados. O Microsoft Excel foi a principal técnica de análise. A investigação estabeleceu que a comunidade estava a utilizar vários melhoradores de solo. O problema era a falta de acesso a muitos tipos de métodos de melhoramento do solo, com exceção dos fertilizantes orgânicos. Os fertilizantes nem sempre estavam disponíveis quando necessário, porque 75% dos agricultores não podiam pagar as quantidades necessárias de fertilizantes devido a fundos limitados. Muitos agricultores tinham conhecimentos autóctones sobre como e quando aplicar o estrume, por exemplo, quando utilizavam culturas sazonais. Os resultados dos dados recolhidos em Brooks Nek indicaram que os métodos utilizados para melhorar a fertilidade do solo não tiveram impacto no solo e na produção das culturas. A falta de disponibilidade de água (precipitação) foi outro problema identificado pelos agricultores. Os serviços de extensão, especialmente no que diz respeito à informação sobre o uso adequado de fertilizantes minerais e orgânicos, não estavam disponíveis para a maioria dos agricultores. Por conseguinte, recomenda-se que, mesmo nas zonas rurais, os agricultores sejam informados sobre os métodos de melhoramento dos solos e não confiem apenas nos seus conhecimentos indígenas. Além disso, as pessoas das zonas rurais podem ajudar-se a si próprias comprando adubos químicos em grupos, de modo a comprarem a granel e obterem descontos, incentivando os agricultores rurais a utilizarem métodos tradicionais como a compostagem, etc. No entanto, ao resolverem um problema, não devem concentrar-se num único efeito, mas também considerar outros que possam causar o mesmo problema.

Palavras chave: fertilidade do solo, cultura, ambiente, elementos/métodos de melhoria, agricultura, nutrientes do solo, rendimento, qualidade.

RECONHECIMENTO

Em primeiro lugar, agradeço ao Senhor omnipotente, por quem tudo é possível.

Gostaria de estender a minha profunda gratidão à minha orientadora, Miss C.K Betek, pelo seu apoio, orientação, encorajamento e aconselhamento técnico ao longo deste estudo.

Gostaria também de agradecer aos outros membros do pessoal do Departamento, ao Dr. C.M Musampa pelo seu apoio neste estudo.

Gostaria de agradecer à minha querida mãe, Miss Nondumiso Ngunga, à minha irmã Andisiwe Ngunga e à minha avó, irmão em Cristo, Dr. Luzuko Bobotyana, pelo seu amor, apoio e encorajamento durante o estudo e sempre que precisei de apoio.

Gostaria de agradecer especialmente aos meus amigos e colegas de turma que me apoiaram sempre que precisei.

Gostaria de agradecer à NRF por me ter apoiado financeiramente.

Agradeço especialmente à comunidade de Brooks Nek pela sua participação. Os meus agradecimentos especiais são também extensivos à Universidade Walter Sisulu.

ACRÓNIMOS E ABREVIATURAS

1. ARC-ISCW- Agricultural Research Council's Institute of Soil, Climate and Water.
2. C- Carbon
3. CA- Conservation agriculture
4. DAP- di- ammonium phosphate
5. GIS- Geographic Information System
6. K_2O- Muriate potash
7. LAN- Lime-ammonium phosphate
8. MAP- Mono- ammonium phosphate
9. N- Nitrogen
10. NPK- Nitrogen Phosphate Potassium
11. NO_4S- Ammonium sulphate
12. P – Potassium
13. P_2O_5 – Supper Phosphate
14. RWW- Raw Waste Water
15. SFM- Soil Fertility Management
16. SOC- Soil Organic Carbon
17. SOM- Soil Organic Matter
18. SSA- Sub-Saharen Africa
19. U.S- United States

Índice

CAPÍTULO 1

1.1. INTRODUÇÃO

A necessidade de satisfazer as crescentes exigências nutricionais das populações humanas em expansão faz com que a agricultura sustentável e os sectores de base agrícola estejam na linha da frente das questões de desenvolvimento ambiental e social na África Subsariana. O objetivo da gestão do solo é criar um ambiente saudável que possa reter um estado equilibrado de nutrientes, de modo a que a sua fertilidade se mantenha ao longo do tempo. Os solos em África são tipicamente muito variáveis em termos de fertilidade e na forma como respondem aos factores de produção (AGRA et al, 2007). A maioria dos recursos do solo em África apresenta baixos níveis de nutrientes com uma elevada propensão para a perda de nutrientes devido à sua natureza frágil.

Observou-se que os solos cultivados altamente intemperizados nas regiões tropicais sofrem normalmente de deficiências múltiplas de nutrientes e que os balanços de nutrientes são geralmente negativos. O esgotamento e a degradação dos nutrientes do solo foram considerados como ameaças graves à produtividade agrícola e identificados como as principais causas da diminuição do rendimento das culturas e da produção alimentar per capita na África Subsariana (Kihanda et al, 2006). Um relatório do Banco Mundial estimou a taxa de aumento do rendimento dos cereais em África ao longo dos anos numa taxa muito baixa de 0,7% em comparação com as taxas de crescimento noutras regiões em desenvolvimento do mundo de 1,2 a 2,3% (AGRA et al, 2007). Esta tendência de fraco desempenho das culturas é uma das razões responsáveis pela diminuição da confiança dos cidadãos de muitos países da África Subsariana na capacidade dos seus governos para garantir uma segurança alimentar adequada.

De acordo com Kihanda et al (2006), a fertilidade do solo é um processo complexo que envolve o ciclo constante de nutrientes entre formas orgânicas e inorgânicas. É a componente da produtividade global do solo que lida com o seu estado de nutrientes disponíveis e a sua capacidade de fornecer nutrientes a partir das suas próprias reservas e através de aplicações externas para a produção de culturas. Combina várias propriedades do solo (biológicas, químicas e físicas), que afectam direta ou indiretamente a dinâmica e a disponibilidade dos nutrientes (Brady e Weil, 2008). Fertilidade é o termo utilizado para descrever a capacidade potencial do solo para produzir culturas. A fertilidade do solo refere-se à capacidade de um solo para sustentar o crescimento das plantas, ou seja, para proporcionar habitats adequados às plantas que resultem em rendimentos sustentáveis com elevada qualidade. De acordo com Atkinson (1995), os agricultores utilizam como propriedades decisivas dos solos a sua fertilidade química e o seu estado físico, que determinam o seu potencial para produzir culturas. A melhoria da fertilidade do solo é essencial para o sucesso das culturas e para o aumento da produção.

De acordo com Brady e Weil (2010), na maior parte das regiões do mundo, os problemas de fertilidade do solo foram resolvidos através da aplicação de fertilizantes para substituir os nutrientes removidos pelas culturas colhidas e pela erosão. A incapacidade de resolver o problema da fertilidade do solo em África limita a possibilidade de crescimento da produção agrícola e, em última análise, afecta o desenvolvimento do continente, porque a agricultura é o motor económico que impulsiona o desenvolvimento.

Brady e Weil (2010) continuam a afirmar que a ausência das propriedades necessárias pode levar à perda de fertilidade do solo, o que afecta o crescimento e o rendimento das culturas. De acordo com Lal (2012), o estrume animal, o estrume verde, as culturas mistas, a rotação de culturas e as culturas em faixas têm sido utilizados como métodos para melhorar a fertilidade do solo para o cultivo de culturas, a fim de enriquecer o solo para aumentar o rendimento das culturas na Índia.

Os pesticidas e outros produtos químicos utilizados nas culturas ajudaram os agricultores a aumentar os rendimentos. A utilização excessiva de alguns destes produtos químicos altera a composição do solo e perturba o equilíbrio dos microrganismos no solo. Este facto estimula o crescimento de bactérias nocivas em detrimento das benéficas.

Segundo Walter et al (2009), há milhares de anos que os agricultores recorrem a fertilizantes naturais, como estrume, cinzas de madeira, ossos moídos, peixe ou partes de peixe, resíduos de aves e morcegos, chamados guano, para repor ou aumentar os nutrientes no solo. No início do século XIX, os cientistas descobriram os elementos mais essenciais para o crescimento das plantas, ou seja, o azoto, o fósforo e o potássio. Mais tarde, foram fabricados nos Estados Unidos e na Europa adubos contendo estes elementos. Atualmente, muitos agricultores utilizam adubos químicos com nitratos e fosfatos porque aumentam consideravelmente o rendimento das culturas. Após um certo período, os métodos de aumento da fertilidade do solo causam danos no solo, conduzindo à infertilidade do solo, e a utilização excessiva de alguns destes produtos químicos altera a composição do solo e perturba o equilíbrio dos microrganismos no solo.

1.2. Declaração do problema

A África do Sul é um dos países em desenvolvimento que utiliza muitos métodos de melhoramento do solo para produzir boas colheitas para alimentar a sua população crescente e também para impulsionar a sua economia, reduzir a pobreza e manter ativa a população das zonas rurais. Brooks Nek é uma das comunidades rurais pobres que pratica o cultivo de culturas para fornecer alimentos e sustentar a vida e que está sujeita a uma fraca produção de culturas. O problema da fraca produção levou à diminuição da produção dos pequenos agricultores e algumas terras de cultivo foram abandonadas.

1.3. Objetivo da investigação

O objetivo do estudo é avaliar os impactos dos métodos utilizados pelos agricultores na localidade de Brooks Nek para melhorar a fertilidade do solo para o cultivo de culturas.

1.4. Objectivos da investigação

- Avaliar os métodos utilizados pelos agricultores para melhorar a fertilidade do solo.
- Investigar a forma como estes métodos são praticados.
- Avaliar a acessibilidade e a viabilidade económica dos métodos de melhoramento do solo.
- Investigar os impactos dos métodos utilizados pelos agricultores em Brooks Nek.

1.5. Questionários de investigação

- Que métodos são utilizados pelos agricultores para melhorar a fertilidade do solo na localidade de Brooks Nek?
- Como é que estes métodos são praticados no local de Brooks Nek?
- Quão acessíveis e económicos são estes métodos de melhoramento do solo?
- Quais são os impactos dos métodos no cultivo das culturas?

1.6. Importância do estudo

A realização desta investigação ajudará a melhorar o conhecimento dos pequenos agricultores e de algumas pessoas rurais interessadas no cultivo, sobre os impactos e a importância dos métodos que utilizam para melhorar a fertilidade do solo. A investigação exporá os agricultores a outros métodos para melhorar a fertilidade do solo. Também encorajará os agricultores rurais a utilizar sobretudo os métodos tradicionais, como a compostagem dos seus resíduos alimentares e a sua utilização como estrume durante o período de cultivo. Também será benéfico para o ambiente porque, ao reduzir o despejo de resíduos alimentares em aterros, grandes quantidades de resíduos alimentares serão utilizadas como composto, que é outro fertilizante para melhorar o solo. O estudo também promoverá a sustentabilidade do solo e ajudará a minimizar a erosão do solo que outrora afectou a área. A realização desta investigação ajudará a melhorar o nível de cultivo, expondo as pessoas a métodos para melhorar o seu solo. Isto não só aumentará o rendimento, como também protegerá o solo contra a degradação e a erosão. As soluções dadas aos agricultores ajudarão a melhorar os seus rendimentos, bem como o seu nível de vida, reduzindo assim a pobreza na área de estudo.

1.7. Hipótese

- Os métodos utilizados pelos agricultores para aumentar a fertilidade do solo melhoraram o rendimento: Hi
- Os métodos utilizados pelos agricultores para melhorar a fertilidade do solo não melhoraram o rendimento: Ho

1.8. Contexto do estudo

Localização e dimensão da zona de estudo

Brooks Nek é a aldeia localizada no monte Ayliff, município local de mzimvubu, que se insere no distrito de Alfred Nzo da província do Cabo Oriental, com as coordenadas: 30, 46' 16.85 "S a 29, 23' 51.49 "E, altitude de 1193m. A área municipal compreende uma superfície de 2506 km quadrados. O terreno é maioritariamente montanhoso com vales íngremes que se estendem a mais de 1000m acima do nível do mar e se elevam até às montanhas Drakensberg na fronteira com o Lesoto. Em média, a altitude varia entre 700 e 800 m acima do nível do mar, com vales fluviais íngremes. O município tem uma topografia fragmentada e compreende um planalto que se insere na bacia do rio Mzimvubu,

que varia entre 800 e 1400 metros acima do nível do mar e um planalto elevado que conduz às montanhas Drakensberg, que varia entre 1500 e 2200 metros acima do nível do mar.

MAPA DA ZONA DE ESTUDO

Abaixo, um mapa 1 que mostra a localização da área de estudo, o canto superior direito mostra o mapa da África do Sul com as províncias, o meio direito é o mapa que mostra o

Cabo Oriental e a localização do município local de UMzimvubu. Em baixo está o mapa do município local de UMzimvubu. Portanto, à esquerda está um mapa que mostra a localização de Brooks Nek na ala 1 do município local de Mzimvubu.

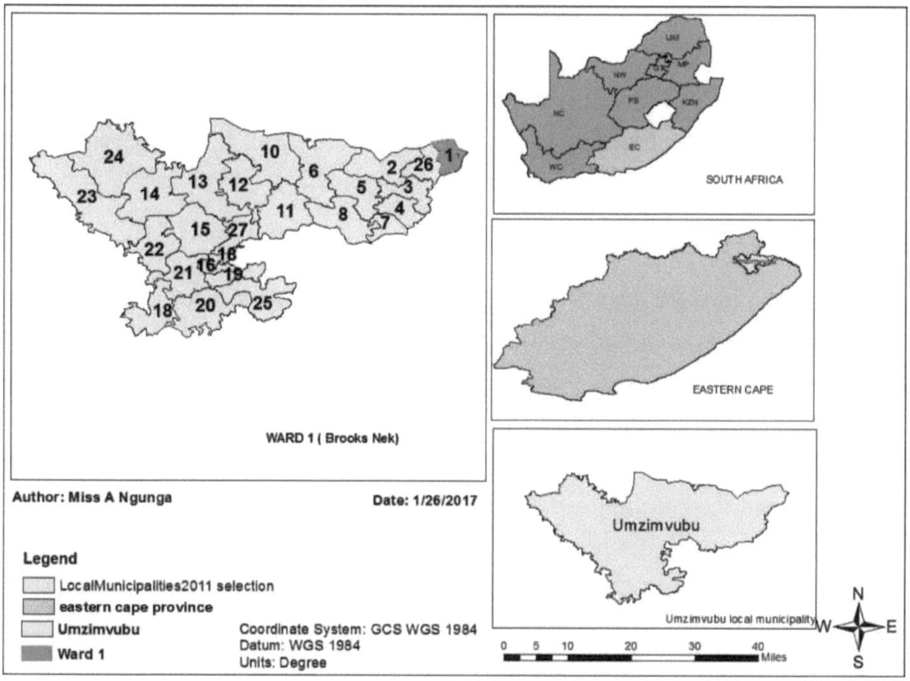

Mapa 1: mapas que mostram os municípios locais de Mount Ayliff Mzimvubu, ala 1

Brooks Nek localização em Cabo Oriental África do Sul

1.8.1. População

Mzimvubu é um município maioritariamente rural, com cerca de 90% da população a residir em aldeias. O município local de mzimvubu é, em grande parte, um município rural com 26 freguesias com mais de 250 aldeias que se espalham por toda a extensão geográfica e são apoiadas pelos dois centros urbanos de Mount Ayliff e Mount Frere (plano de desenvolvimento integrado, 2010, 2011, 2014 e 2015).

O município local de Mzimvubu tem níveis muito baixos de emprego e uma elevada percentagem de pessoas que não são economicamente activas, ou seja, cerca de 54,1% de empregados e 45,9% de desempregados. Isto, por sua vez, explica os elevados níveis de pobreza e os baixos níveis de rendimento. As elevadas taxas de desemprego têm um impacto negativo nos municípios, uma vez que os níveis de acessibilidade são baixos na zona.

1.8.2. Clima

Mzimvubu situa-se numa zona climática subtropical. Assim, a área é caracterizada por Verões quentes e Invernos frios. A temperatura média varia entre 7°C e 10°C no inverno e 18°C e 25°C no verão. A precipitação anual varia entre 650 mm e 1100 mm, sendo as trovoadas e o granizo uma caraterística comum no verão.

1.8.3. Vegetação e tipo de solo

A vegetação desta zona é a manifestação da interação entre o clima, o solo e uma série de outros factores biológicos. Os factores físicos, a geomorfologia e a geologia também actuam como variáveis que determinam os tipos de vegetação e a biodiversidade. O Município de Mzimvubu é composto por três biomas principais, ou seja, prados, matagais e margens florestais. Os solos são, na sua maioria, pedregais vermelho-amarelos de drenagem livre e proporcionam as melhores terras de cultivo devido aos seus elevados níveis de ferro e outros minerais. Os solos encontrados nesta área estão, no entanto, sujeitos a uma erosão severa com uma camada superficial fina que é causada por sobrepastoreio, actividades naturais e causas sociais, ou seja, uma grande população para recursos disponíveis limitados, programas de desenvolvimento deficientes e uma agricultura mal exacerbada.

1.8.4. Agricultura

A agricultura é a principal atividade económica do município. Atualmente, é uma base limitada para a expansão económica devido ao facto de a maioria da agricultura ser de subsistência tradicional. A agricultura comercial está limitada à área de Cedarville, no nordeste do município de Mzimvubu. O Distrito tem condições favoráveis para o desenvolvimento do sector agrícola e é fundamental avaliar o potencial desta indústria e conceber métodos de exploração deste potencial inexplorado. Além disso, são ainda necessários contributos em termos de educação, formação, gestão, marketing e desenvolvimento de ligações.

1.8.5. Culturas agrícolas

A pluviosidade e a qualidade dos solos tornam grande parte do município apto para a produção agrícola. A agricultura de sequeiro tem geralmente um carácter de subsistência e existem grandes extensões de terras aráveis não cultivadas. Existe um potencial muito bom para a produção de milho, sorgo, trigo, girassol, cânhamo, feijão, produtos hortícolas (couves, batatas, butternut, pimentos verdes e espinafres) e frutos de folha caduca (pêssegos e maçãs).

1.8.6. Turismo

A natureza do turismo em Mzimvubu é predominantemente orientada para os negócios, com as pessoas a passarem algum tempo na área quando estão em negócios e o potencial turístico inclui uma forma de trilhos para caminhadas e artes.

1.8.7. Conclusão

A fertilidade do solo é um dos aspectos que deve ser altamente considerado, uma vez que é uma questão fundamental na agricultura para produzir alimentos para alimentar a crescente população da África do Sul. Muitos países em todo o mundo estão a utilizar métodos de melhoramento do solo para o fertilizar. Muitos pequenos agricultores rurais do Leste estão a enfrentar problemas em termos de cultivo. Brooks Nek é uma dessas áreas que foram descobertas como tendo problemas de cultivo, o que levou à investigação para encontrar os métodos que utilizam para melhorar a fertilidade do solo para o cultivo de culturas. Quatro objectivos e também o historial da área e do município e o mapa da área ajudaram a dar uma ideia do que é a localização de Brooks Nek.

CAPÍTULO 2

REVISÃO DA LITERATURA

2.1. Introdução

A definição de fertilidade do solo varia consoante os investigadores. Brady e Weil (2008), definem a fertilidade do solo como um processo complexo que envolve o ciclo constante de nutrientes entre formas orgânicas e inorgânicas. Fertilidade é o termo utilizado para descrever a capacidade potencial de um solo para produzir culturas, tanto a curto como a longo prazo, e é determinada por um conjunto de interacções entre o ambiente físico, o ambiente químico e a atividade biológica do solo. De acordo com Brady e Weil (2008), a fertilidade do solo é, portanto, uma noção subjectiva e é definida em função dos interesses das pessoas. Em muitas zonas da Província do Cabo Oriental, na África do Sul, os solos são propensos à erosão e à rápida degradação devido aos elevados teores de areia e silte e às morfologias de perfil com acumulação de argila no subsolo, em particular nos solos desenvolvidos a partir de lamas e xistos (Morris et al, 2007).

Um relatório nacional sul-africano sobre o estado do ambiente identificou a província do Cabo Oriental como tendo o segundo nível mais elevado de degradação dos solos. A fertilidade dos solos tem vindo a diminuir, o que tem constituído um problema para muitos agricultores na África do Sul. O Cabo Oriental é um exemplo de uma província com um solo altamente utilizado em termos de agricultura de pequena escala e com poucos nutrientes. De acordo com fanandzo (2010), a fraca fertilidade do solo, que resulta de uma má gestão do solo, é um problema importante que causa um baixo rendimento das culturas em muitas zonas do Cabo Oriental.

Os adubos sintéticos surgiram no século XVII e a indústria floresceu após a Primeira Guerra Mundial, quando as instalações que produziam amoníaco e nitratos para explosivos foram convertidas para produzir adubos azotados. O declínio da fertilidade do solo é um termo que abrange as alterações das propriedades físicas, químicas e biológicas do solo que reduzem o seu potencial produtivo. O fornecimento inadequado de nutrientes devido ao declínio da fertilidade do solo é uma das principais restrições à produção agrícola enfrentadas pelos pequenos agricultores (Walker et al, 2009). De acordo com Tiessen et al (2010), o uso de fertilizantes minerais e orgânicos como fertilizantes simples ou em combinações pode ajudar a aliviar o declínio da fertilidade do solo. No entanto, os inquéritos realizados sugerem que a utilização de fertilizantes pelos pequenos agricultores na África Austral continua a ser extremamente baixa, apesar de terem sido investidos recursos substanciais pelas Estações Nacionais de Investigação Agrícola da Comunidade de Desenvolvimento da África Austral (SADC).

2.2. Causas da perda de fertilidade do solo

Os solos dos campos de pequenas culturas do Cabo Oriental são geralmente pobres ou muito pobres em nutrientes disponíveis (Olson, 2006). As práticas agrícolas convencionais, baseadas na lavoura extensiva, especialmente quando combinadas com a remoção ou queima in situ de resíduos de culturas, ampliaram as perdas de nutrientes mediadas pela erosão do solo, a degradação da terra e os desafios de fertilidade do solo enfrentados pelos agricultores.

De acordo com Mpungwa e WalkerHove (2007), a falta de cobertura do solo, o sobrepastoreio, a lavoura intensiva, os períodos de pousio curtos ou nulos e a rotação limitada de culturas causam a degradação do solo, o que reduz a fertilidade inerente do solo, entre outros efeitos. Esta situação de baixa fertilidade do solo é exacerbada pela monocultura do milho e pela cultura contínua, que resulta numa vasta remoção de nutrientes, sem que praticamente nada seja devolvido ao solo sob a forma de estrume ou fertilizantes. De acordo com Brady e Weil (2008), a fraca fertilidade inerente do solo é uma das razões para o abandono da produção agrícola no Cabo Oriental pelos pequenos agricultores. Na maior parte do mundo, os fertilizantes químicos desempenham um papel importante na manutenção ou aumento da fertilidade do solo e do rendimento das culturas. O cultivo contínuo com pouca ou nenhuma aplicação de fertilizantes, as perdas de nutrientes através da colheita, a erosão do solo e a lixiviação levaram ao declínio da fertilidade do solo em muitas áreas do Cabo Oriental (AGRA et al, 2007).

2.3. A importância dos métodos de melhoramento do solo para a fertilidade do solo

A matéria orgânica do solo está no centro do ciclo de nutrientes, uma vez que actua como armazém de nutrientes, aumenta os locais de troca iónica e apoia a atividade biológica do solo (Brady & Weil, 2008). A matéria orgânica do solo também melhora a capacidade de retenção de água dos solos. Na África do Sul, o azoto e o fósforo são alguns dos nutrientes mais limitantes para a produção agrícola e os fertilizantes inorgânicos prescritos para melhorar as deficiências de azoto e fósforo incluem superfosfato, ureia, cal de nitrato de amónio (LAN), fosfato monoamónico (MAP), fosfato di-amónico (DAP) e fertilizantes compostos NPK. Mais recentemente, a procura de soluções sustentáveis para os desafios da fertilidade do solo centrou-se na agricultura de conservação (CA) (Dimes e Carberry, 2007). O objetivo da agricultura de conservação é criar uma produção agrícola económica e ambientalmente sustentável, com ênfase em sistemas auto-sustentáveis, em vez de insumos externos (FAO, 2008). Muitas outras partes do mundo, como o Brasil, mostram que a agricultura de conservação (AC) é uma prática de produção de culturas que pode ser utilizada para aumentar a fertilidade do solo, a matéria orgânica do solo (MOS) e o rendimento das culturas (Bollinger et al, 2006).

Foram feitos esforços para promover a AC em sistemas de pequenos agricultores da África do Sul, mas o sucesso foi limitado em termos de adoção da tecnologia. Por exemplo, o Instituto do Solo, do Clima e da Água do Conselho de Investigação Agrícola da África do Sul (ARC-ISCW) introduziu os princípios da agricultura de conservação (AC) de perturbação mecânica mínima do solo e de cobertura do solo com resíduos de culturas, com base em experiências latino-americanas, em alguns pequenos agricultores de milho do Cabo Oriental, Mpumalanga e KwaZulu Natal. A agricultura de conservação (AC) está a ganhar cada vez mais aceitação em todo o mundo como uma abordagem agrícola alternativa para a melhoria sustentável da fertilidade do solo (FAO, 2008). É definida como um conceito de produção de culturas agrícolas que poupa recursos e que se esforça por obter lucros aceitáveis, juntamente com níveis de produção elevados e sustentados, ao mesmo tempo que conserva o ambiente (FAO, 2008).

2.4. Métodos utilizados para melhorar a fertilidade do solo

2.4.1. Fertilizantes

Os fertilizantes podem ser utilizados para aumentar o rendimento das culturas, a entrada de biomassa e, por conseguinte, a adição de matéria orgânica para melhorar a matéria orgânica do solo. De acordo com Gichangi (2008), a melhoria da fertilidade do solo nas comunidades de pequenos agricultores do Cabo Oriental inclui a aplicação de estrume de gado, urina humana, estrume de cabra, cianobactérias e compostos. Durante os últimos 30 anos, o adubo verde ou as culturas de cobertura tornaram-se uma tecnologia agrícola importante para o mundo em desenvolvimento. Nos países mais ricos da Europa e dos Estados Unidos, os adubos verdes eram de longe o método mais comum de manter a fertilidade do solo até ao fim da Segunda Guerra Mundial (Scheller e Raupp, 2005).

Nas regiões tropicais, o principal método de manutenção da fertilidade do solo era, historicamente, o pousio. Este método é definido por (Gichangi, 2008) como um processo que consiste em deixar as terras agrícolas transformarem-se em florestas ou prados durante 10 a 15 anos, até que o solo recupere a sua fertilidade natural. O pousio, como adubo verde, manteve a fertilidade dos solos de continentes inteiros durante milhares de anos. De acordo com Meyer & Wood (2010), os fertilizantes orgânicos (estrume, ureia, matéria vegetal, ossos, conchas, cal) têm sido utilizados para melhorar a fertilidade do solo. De acordo com Walker et al (2009), as águas residuais brutas (ARB) da indústria alimentar são um dos métodos de melhoria da fertilidade do solo, que é rico em matéria orgânica e nutrientes minerais, particularmente potássio e, em menor grau, azoto e fósforo.

Nunca é demais sublinhar a importância do fertilizante como fator de produção agrícola, particularmente nas regiões tropicais, onde os níveis de nutrientes dos solos são baixos na maioria das zonas. A cultura do milho requer fertilizantes em quantidade suficiente para dar o máximo retorno económico. De acordo com Morris et al (2007), os fertilizantes orgânicos estão disponíveis em grandes quantidades em todo o mundo, resíduos de fertilizantes de cervejarias como melaço, resíduos de outras indústrias podem ser considerados como fontes de fertilizantes orgânicos. Outras fontes incluem materiais como vagens de cacau, farelo de arroz, vagens de feijão, resíduos urbanos seleccionados, esgotos e resíduos urbanos, excrementos de aves, estrume de animais, fezes e urina humanas. Também inclui cascas de inhame, cascas de mandioca e palhas de arroz, milho, painço, sorgo e folhas de cana de açúcar. Os fertilizantes inorgânicos diferem dos fertilizantes orgânicos na medida em que geralmente consistem em compostos químicos relativamente simples de composição conhecida e contêm peso, percentagens muito mais elevadas de elementos fertilizantes (Dimes e Carberry, 2007).

2.4.2. Práticas de gestão do solo e fertilização

Práticas inadequadas de gestão da fertilidade do solo, como a monocultura a longo prazo, a aplicação excessiva ou desequilibrada de fertilizantes químicos e a falta de aplicação de estrume no pátio da quinta podem acelerar a degradação do solo e ameaçar a sustentabilidade agrícola e a saúde ambiental. No estudo de Ding et al (2005), os resultados mostraram que as águas residuais brutas podem substituir eficazmente o fertilizante químico de potássio e podem também melhorar alguns parâmetros de fertilidade do solo no final da estação de crescimento. Walker et al (2009) concluíram que a aplicação de águas residuais brutas da indústria alimentar melhora o desempenho do pepino e do tomate e a fertilidade do solo.

2.5. Aplicação de fertilizantes no solo

De acordo com Wang et al (2006), a aplicação de fertilizantes inorgânicos e de estrume animal durante 20-30 anos aumentou significativamente as reservas de carbono orgânico do solo a 20 cm de profundidade em 32-87%, enquanto os fertilizantes de azoto, fósforo e potássio e a aplicação de palha de trigo ou de milho aumentaram em 26-38%. No entanto, em vários países em desenvolvimento, especialmente na Ásia, a produção agrícola está a depender mais de fertilizantes devido à disponibilidade limitada de estrume animal e resíduos de culturas. As práticas de pastoreio, frequentemente em regime de pastoreio comunitário, removem os resíduos das culturas dos campos e, nalguns casos, esses resíduos são queimados para dar lugar à cultura seguinte. No Sul da Ásia, onde se consome cerca de um sexto da produção mundial total de fertilizantes, uma proporção significativa dos excrementos dos animais é utilizada como combustível doméstico e não como estrume para as culturas (Scheller e Raupp, 2005).

Existem dois tipos principais de fertilizantes para melhorar a produtividade das culturas na Nigéria: os fertilizantes inorgânicos (ou fertilizantes químicos ou sintéticos) e os fertilizantes orgânicos. Os fertilizantes inorgânicos são estrume preparado artificialmente com uma concentração variável de alimentos para plantas e estão disponíveis sob a forma de fertilizante simples, fertilizante incompleto e fertilizante completo. O fertilizante simples contém apenas um elemento fertilizante, por exemplo, sulfato de amónio, ureia, superfosfatos, muriato de potássio (K2O), etc. O fertilizante incompleto contém dois elementos fertilizantes. De acordo com Meyer & Wood (2010), os fertilizantes e outras técnicas de cultivo melhoram o equilíbrio de nutrientes do solo, aumentam o número de macro e microorganismos, tornam o solo mais macio e fácil de cultivar e melhoram a acidez do solo.

A aplicação de fertilizantes leva a um aumento da atividade microbiana de decomposição, anteriormente limitada por baixas concentrações de nutrientes nos materiais orgânicos, embora em alguns estudos a adição de azoto inorgânico tenha tido um efeito neutro ou mesmo inibitório na decomposição de materiais vegetais com baixo teor de azoto (Hobbie, 2005). No entanto, a utilização a longo prazo de fertilizantes na produção de culturas leva à acumulação de matéria orgânica no solo e à melhoria da saúde do solo através da adição de uma quantidade crescente de folhada e de biomassa radicular ao solo. Isto sugere que a aplicação de fertilizantes azotados pode ter efeitos interactivos complexos nas transformações do carbono no solo.

2.6. Métodos de cultivo e de melhoria da fertilidade do solo.

2.6.1. A nível mundial

De acordo com Morris et al (2007), o adubo verde ou cultura de cobertura é uma espécie de planta, geralmente uma leguminosa, quer seja uma árvore, um arbusto, uma videira, uma planta rastejante ou uma alga, que é plantada pelos agricultores para manter ou melhorar a fertilidade do solo ou controlar as ervas daninhas, mesmo quando têm muitas outras razões para cultivar estas plantas. Os adubos verdes e os sistemas de culturas de cobertura são utilizados há pelo menos 2000 anos. Os romanos escreveram documentos que aconselhavam as pessoas sobre a melhor forma de utilizar os adubos verdes.

De acordo com Morris et al (2007), mais de uma centena de espécies de adubos verdes são atualmente utilizadas em todo o mundo em centenas de sistemas de cultivo diferentes. O adubo verde/cobertura é cultivado juntamente com todas as culturas básicas de subsistência do mundo, bem como com produtos hortícolas, culturas de raízes e árvores. Uma vez que as culturas de adubo verde/cobertura fertilizam o solo tal como o pousio, é bastante seguro (muito mais do que podemos ser com os fertilizantes químicos) que as culturas de adubo verde/cobertura são capazes de manter o solo fértil a longo prazo, (Dimes e Carberry (2007), Outros métodos são utilizados nos trópicos para manter a fertilidade do solo, como o estrume animal, que é um material extremamente bom para manter a fertilidade das culturas, mas só raramente os pequenos agricultores têm o suficiente para o cultivo.

De acordo com Nesamvuni (2003), o composto é provavelmente o melhor de todos os corretivos do solo, mas se calcularmos a quantidade de trabalho que requer, quase sempre descobriremos que é demasiado caro para as culturas básicas de cereais entre os pequenos agricultores, exceto no caso do arroz. Por outro lado, o composto é geralmente muito mais útil do que o "adubo verde/cultura de cobertura para os agricultores que plantam legumes irrigados. Isto deve-se ao facto de que o custo do composto é bem remunerado e o custo de oportunidade da terra usada na plantação de "adubos verdes/ culturas de cobertura é muito elevado.

De acordo com Chukwu et al (2012), o método de aplicação de estrume de aves determina o crescimento e o rendimento de algumas culturas (de tomate e de alguns frutos), influenciando a disponibilidade e a libertação de nutrientes para a absorção e o crescimento das plantas. A aplicação de estrume à superfície do solo pode não ser tão eficaz como a sua incorporação na produção vegetal devido à potencial perda de azoto.

2.6.2. Métodos de cultivo e de melhoria da fertilidade dos solos em África

A saúde dos solos africanos tornou-se um desafio constante para os agricultores e os produtores agrícolas do continente. A existência de interesses contraditórios na exploração dos recursos do solo por parte de vários intervenientes conduziu a uma má gestão e, nalguns casos, à degradação dos solos. Nas últimas décadas, as práticas insustentáveis de cultivo da terra, como a substituição inadequada dos nutrientes do solo absorvidos pelas culturas, conduziram a um esgotamento acelerado da base natural do solo disponível para a produção alimentar. De acordo com Ramava et al (2006), a manutenção da produtividade do solo continua a ser uma questão ambiental importante nos países da África Subsariana. A baixa fertilidade do solo conduz inevitavelmente a uma baixa produtividade agrícola, uma vez que o desenvolvimento agrícola é fundamentalmente afetado pelo estado de produtividade dos recursos terrestres. A má gestão dos solos e a natureza frágil dos solos tropicais são geralmente responsáveis por grandes perdas de nutrientes através da erosão e da lixiviação de nutrientes nos solos.

2.6.3. Métodos de cultivo e de melhoria da fertilidade do solo na África do Sul

O número de agricultores de subsistência na África do Sul varia entre 1,3 e 3 milhões, localizados maioritariamente em zonas comunais de antigas pátrias. Produzem alimentos sobretudo para subsistência. Machete et al (2004) estimaram que cerca de 240 000 pequenos agricultores atingiram um nível de produção superior ao da pura subsistência e que fornecem meios de subsistência a mais de um milhão de membros das suas famílias. A agricultura de subsistência ou de pequenos agricultores na África do Sul está sujeita a constrangimentos como um poder de compra limitado, infra-estruturas inadequadas e acesso limitado a serviços de apoio, incluindo uma extensão eficaz, preços elevados dos factores de produção e mercados de produtos que funcionam mal (Nesamvuni et al, 2003). Estes factores tendem a contrabalançar os esforços de muitas organizações, governo, organizações comerciais de produtores e sector privado, incluindo a indústria de fertilizantes, que visam aumentar a produtividade da agricultura de subsistência ou de pequenos agricultores.

A aceitação geral de insumos que aumentam a produtividade, como fertilizantes, sementes híbridas, produtos fitofarmacêuticos e a sua aplicação na prática, ainda está muito longe. Embora estas iniciativas ainda não se tenham materializado no aumento da procura de fertilizantes, a maioria dos sul-africanos concordaria que estes esforços devem continuar para o bem da futura estabilidade social, económica e política (Dimes e Carberry, 2007).

De acordo com Nesamvuni et al (2003), o desenvolvimento da indústria sul-africana de adubos foi acompanhado pela indústria mineira do país, que necessitava da produção de explosivos na África do Sul. A África do Sul é um dos poucos países do continente com uma indústria de fertilizantes. Grande parte da terra arável na Província do Norte da África do Sul é inerentemente infértil e a precipitação não é fiável. De acordo com um inquérito realizado na Região Central, a maior parte da terra cultivada pelos pequenos agricultores é cultivada com milho, com 84% das famílias a cultivar esta cultura alimentar básica, apesar do facto de ser improvável que tenham uma boa colheita (Dimes e Carberry, 2007). A maior parte dos solos da África do Sul carece de uma vasta gama de nutrientes, especialmente azoto e fósforo, e há poucas probabilidades de aumentar a produção se os níveis de nutrientes não melhorarem. Um inquérito de base revelou que 23% dos agricultores da Região Centro consideravam que precisavam de aconselhamento sobre a gestão da fertilidade do solo. De acordo com Meyer & Wood (2010), os fertilizantes corretamente aplicados conduzem a um solo bom e rico em nutrientes e a um bom crescimento das plantas. Os fertilizantes protegem o ambiente natural da expansão agrícola.

2.7. Impactos e benefícios dos métodos de melhoria da fertilidade do solo no solo e nas culturas

As más práticas de cultivo resultaram na diminuição da fertilidade do solo, na redução da matéria orgânica do solo (MOS) e no aumento da ocorrência de solos acidificados. Em muitas partes da África Subsaariana, onde prevalecem métodos deficientes de conservação do solo, prevê-se que a produtividade do solo a longo prazo diminua consideravelmente, a menos que as práticas de gestão do solo melhorem. A conservação adequada do solo torna-se imperativa quando se consideram questões relativas à melhoria da fertilidade do solo na África Subsariana. De acordo com Morris et al, 2007), uma gestão eficaz do solo assegura a conservação dos nutrientes nos solos e pode conduzir a uma recuperação constante das terras degradadas na África Subsariana a longo prazo. Na maior parte de África, incluindo a Nigéria, o método tradicional de manter o fertilizante e a produtividade do solo, como o sistema de pousio, em que a terra arável é deixada em pousio após 3 a 4 anos de cultivo contínuo.

No entanto, devido ao aumento da população e a outras pressões socioeconómicas, o período de pousio foi reduzido de 3 a 4 anos para quase nenhum pousio agora, a fim de acomodar a crescente procura de alimentos (Asadu e Unagwu, 2012). O uso de fertilizantes orgânicos e inorgânicos pelos agricultores tem sido relatado para aumentar o rendimento e manter a produtividade do solo (Chukwu et al, 2012). Muitos trabalhos de investigação mostraram que a utilização de vários materiais orgânicos, especialmente estrume de vaca, excrementos de aves de capoeira e estrume de quintal como correctivos do solo, é adequada para aumentar a produção agrícola, particularmente entre os agricultores subsistentes na África Ocidental (Asadu e Unagwu, 2012). A utilização de fertilizantes é altamente necessária para repor os nutrientes retirados do solo pelas culturas de colheita e para suplementar mais nutrientes para aumentar o rendimento (Olatunji e Ayuba, 2012).

De acordo com Teissen et al (2010), a produção de alta qualidade das culturas depende da fertilidade do solo. O uso de métodos de melhoramento do solo, como o excesso de fertilizantes, causa danos às culturas. Por exemplo, a raiz da planta, bem como um fertilizante equilibrado no solo, produzindo assim boas colheitas. Segundo Ding et al (2005), o declínio da fertilidade do solo é o principal constrangimento à produção agrícola na África Subsariana. O declínio da fertilidade do solo é um termo sumário que abrange as alterações das propriedades físicas, químicas e biológicas do solo que reduzem o seu potencial produtivo. O declínio da fertilidade do solo pode ser devido à erosão através da remoção de matéria orgânica e nutrientes.

2.7.1. Impactos dos métodos utilizados para melhorar a fertilidade do solo para o cultivo de culturas na África do Sul.

De acordo com Mupungwa et al (2012), a utilização excessiva de fertilizantes orgânicos e sintéticos causa grandes danos ao ambiente através do escoamento para os rios e polui as águas subterrâneas. Quando aplicados em grandes doses individuais, o seu azoto é libertado na atmosfera sob a forma de óxido nitroso, um gás com efeito de estufa 300 vezes mais potente do que o dióxido de carbono. Os adubos sintéticos mal aplicados também reduzem a fertilidade do solo, o que é o efeito oposto ao que se pretende obter. De acordo com Heitkamp et al (2009), o uso exclusivo de fertilizantes sintéticos leva a um declínio da matéria orgânica e da vida no solo. Eventualmente, o solo torna-se desprovido de vida e apenas fornece suporte físico para a planta. Nesta fase, o agricultor está completamente dependente dos fertilizantes e pode aumentar os factores de produção para compensar a redução da fertilidade do solo. Se esta situação se mantiver, o solo torna-se ácido e salgado, o que, em alguns casos, conduz a níveis elevados de metais tóxicos e elementos radioactivos. Mais de 5 milhões de hectares (mais do dobro do tamanho do Parque Nacional Kruger) de terras cultivadas já foram gravemente acidificadas na África do Sul (SA Yearbook, 2008/9). Este solo degradado é propenso à erosão e as camadas subsuperficiais do solo que permanecem são significativamente menos férteis e menos absorventes.

Lavrar a terra (também conhecida como lavoura) é um dos métodos mais antigos de preparação do solo para a plantação e o controlo de ervas daninhas é também um dos métodos mais abusados (Mpungwa e WalkerHave, 2007). O arado de aiveca teve origem na Europa para revolver, secar e aquecer o solo europeu gelado e encharcado de água na primavera. Uma lavoura mal gerida pode ter um efeito prejudicial no solo. Pode provocar a formação de uma camada de compactação (uma camada de arado) abaixo do nível do arado, o que pode levar a uma diminuição da infiltração da água e à erosão da camada superficial do solo. O aumento da utilização de maquinaria pesada também provocou camadas de compactação no topo dos solos, tornando estas áreas propensas à erosão. A lavoura excessiva estimula a decomposição da matéria orgânica do solo (Wang et al, 2006). Isto não só diminui os preciosos recursos do solo, como também liberta dióxido de carbono para a atmosfera, contribuindo para as alterações climáticas.

De acordo com Wang et al (2006), as culturas podem ser efectuadas durante vários anos sem mobilização do solo. Esta prática de cultivo mínimo ou de plantio direto garante que o solo seja menos propenso à erosão e retenha efetivamente sua matéria orgânica, água e nutrientes. O solo deve ser plantado com culturas de cobertura entre plantações para reduzir o aumento da temperatura da superfície do solo, protegê-lo da erosão pelo vento e pela chuva, aumentar a matéria orgânica do solo e manter populações saudáveis de micróbios do solo. De acordo com Dimes e Carberry (2007), uma caraterística da maioria dos solos sul-africanos é o facto de serem extremamente vulneráveis à degradação e terem um baixo potencial de recuperação. Assim, um pequeno erro na gestão do solo pode ser devastador, com poucas hipóteses de recuperação. Estima-se que 25% dos solos da África do Sul são altamente susceptíveis à erosão eólica. Estes incluem os solos arenosos do Noroeste e do Estado Livre, as áreas que produzem 75% do milho do país.

2.8. Impactos da aplicação de fertilizantes

De acordo com Ngonsong et al (2010), também se observou que o cultivo contínuo causa um declínio significativo no pH do solo e nos níveis de cálcio e magnésio permutáveis nos solos. O declínio do rendimento das culturas sob cultivo contínuo tem sido atribuído a factores como a acidificação, a compactação do solo e a perda de matéria orgânica do solo. De acordo com Morris et al (2007), a intensificação das actividades de cultivo nos recursos de terras agrícolas disponíveis resultou na alteração das suas propriedades físicas e químicas naturais, em mudanças nos componentes bióticos do seu microambiente e numa redução global do estado de fertilidade. A remoção e o corte descontrolados da vegetação natural também têm um impacto negativo pronunciado nos sistemas de solos da África Subsariana. Estes incluem a deterioração da estrutura física e das condições do solo através da formação de crostas e da impermeabilização da superfície, da compactação e da formação de camadas restritivas no perfil do solo. Estes solos tornam-se mais vulneráveis a catástrofes naturais, como a erosão eólica e hídrica, que, se não forem controladas, podem levar à degradação dos solos em grande escala (Heitkamp et al, 2009).

Os fertilizantes são altamente necessários para repor os nutrientes retirados do solo pelas culturas de colheita e para suplementar mais nutrientes para aumentar o rendimento (Olatunji e Ayuba, 2012). O adubo verde tem vários efeitos positivos no solo, como a reciclagem de nutrientes de volta para o solo, o bombeamento de nutrientes para a superfície do solo e a melhoria da capacidade de retenção de água do solo. O fertilizante orgânico pode ser utilizado para melhorar as características do solo e obter elevados rendimentos das culturas, em complemento do fertilizante inorgânico (Cezar, 2004). O uso de fertilizante orgânico na produção de culturas livres de contaminação por metais pesados será garantido (Asadu e Unagwu, 2012). Por outro lado, embora os fertilizantes inorgânicos garantam uma rápida disponibilidade de nutrientes para as culturas, têm um efeito residual limitado dos nutrientes aplicados e a sua utilização imprudente pode criar um desequilíbrio de nutrientes que limita a absorção de outros nutrientes essenciais e causa acidez no solo, conduzindo a baixos rendimentos das culturas (Okigbo, 2000). Além disso, são caros e podem não estar facilmente disponíveis.

O milho é uma cultura muito exigente em nutrientes, que requer uma nutrição adequada para um desempenho máximo. Entre outros factores que causam o declínio do rendimento do milho está a degradação do solo para cultivo intensivo e a aplicação contínua de taxas de fertilizantes inorgânicos que podem causar desequilíbrio de nutrientes e limitar a absorção de outros nutrientes essenciais, limitando assim o desempenho da cultura (Chukwu et al, 2012).

De acordo com Walter et al (2009), a utilização combinada de fertilizantes orgânicos e inorgânicos provou ser uma estratégia sólida de gestão da fertilidade do solo em muitos países, como a Tanzânia, a Índia e a República Centro-Africana. A tendência para fornecer todos os nutrientes através de fertilizantes químicos tem de ser evitada, uma vez que tem um efeito deletério na produtividade do solo. Estudos realizados no sudoeste da Nigéria recomendaram combinações de estrume de quinta e fertilizante de nitrogénio-fósforo-potássio para o milho solteiro e consorciado. A Nigéria e outros países tropicais não devem partir do princípio de que o solo pode tornar-se produtivo apenas com fertilizantes, mas sim com uma gestão adequada do solo e técnicas agrícolas que desenvolvam a matéria orgânica do solo. De acordo com Olson et al (2006), uma vez que quase todas as tentativas feitas para manter a produção contínua de culturas apenas com fertilizantes inorgânicos na Nigéria falharam, a necessidade de desenvolver sistemas de produção que utilizem o uso combinado de fertilizantes orgânicos e inorgânicos para melhorar a produtividade das culturas de milho na Nigéria não pode ser demasiado enfatizada.

2.9. Culturas de cobertura de inverno e fertilidade do solo

De acordo com Dimes e Carberry (2007), as culturas de cobertura de inverno que melhoram a matéria orgânica do solo fornecem matéria orgânica ao solo através da decomposição dos seus resíduos. Enriquecendo o solo com nutrientes minerais essenciais, para além do azoto e do fósforo, as culturas de cobertura de inverno podem fornecer outros nutrientes essenciais às culturas de milho quando os seus tecidos se decompõem.

2.10. Conclusão

A cultura em pequena escala é muito importante para a subsistência rural. A fertilidade do solo é o maior desafio que deve ser considerado por cada agricultor, pois sem fertilidade a produção do solo será pobre ou não haverá produção. A necessidade de fertilidade do solo por parte dos agricultores levou toda a África a depender de métodos de melhoria da fertilidade do solo devido a muitos problemas enfrentados pelos agricultores que afectam a nutrição do solo e a introdução de alguns adubos químicos que contêm alguns elementos que são necessários ao solo e às plantas para o crescimento e uma boa produção. Embora estes métodos sejam importantes, são também uma ameaça para o solo quando utilizados incorretamente. Isto significa que é necessário educar as pessoas sobre a forma de aplicar métodos de melhoria da fertilidade do solo, bem como encorajar os agricultores a utilizar maioritariamente métodos tradicionais que são amigos do ambiente e acessíveis em todo o mundo. Com tudo isto, os países africanos, especialmente a África do Sul, ultrapassarão o problema do desinteresse das pessoas pela agricultura e o cultivo será bem sucedido em todas as zonas rurais, a fim de combater a má nutrição e a pobreza em muitas zonas rurais de África.

CAPÍTULO 3

METODOLOGIA DE INVESTIGAÇÃO

3.1. Introdução

Este capítulo apresenta a conceção da investigação e os métodos específicos utilizados para atingir os objectivos do estudo. Estes métodos incluem a revisão da literatura sobre o estudo dos métodos utilizados pelos agricultores para melhorar a fertilidade do solo e os impactos desses métodos. Também discute os diferentes métodos utilizados para a recolha e análise de dados. De acordo com Dahlia et al (2011), os métodos de recolha de dados devem corresponder ao tipo de dados que o investigador pretende recolher.

Para satisfazer os objectivos da investigação, foi utilizada a investigação qualitativa. A investigação qualitativa fornece informações mais objectivas e concretas. Este método inclui grupos de discussão, entrevistas, questionários e revisão da literatura. Este método também inclui fotografias da área de estudo (Dahlia et al, 2011).

3.2. Conceção da investigação

A investigação utilizou métodos de investigação descritivos. De Vos et al (2011) define a investigação descritiva como um método utilizado para obter informações relativas ao estado atual de um fenómeno para descrever o que existe com as variáveis ou condições da situação. Existem dois tipos principais de instrumentos de investigação descritiva, ou seja, observações e inquéritos. Estes instrumentos foram empregues e utilizados para obter informações junto da comunidade.

Foram aplicados cinquenta questionários em Brooks Nek, na cidade de Mount Ayliff, e a participantes relevantes que se dedicam ao cultivo. Os questionários incluíam perguntas como os métodos que utilizam para melhorar o solo, a fim de aumentar o rendimento das culturas na zona.

Por conseguinte, a investigação utiliza a abordagem qualitativa para a recolha de dados devido às suas vantagens significativas. De acordo com De Vos et al (2011), o método de investigação qualitativa é essencialmente uma investigação exploratória. É utilizado para compreender as razões, opiniões e motivações subjacentes. Fornece informações sobre o problema e ajuda a desenvolver

ideias ou hipóteses para uma potencial investigação quantitativa. A utilização de métodos de recolha de dados qualitativos é vantajosa, uma vez que estão mais abertos a alterações e ao aperfeiçoamento das ideias de investigação à medida que o estudo avança. Em vez de utilizar vários controlos de investigação, como nas abordagens experimentais, os métodos de recolha de dados qualitativos centram-se na compreensão do fenómeno (Dahlia et al, 2011). Nesta investigação, foram utilizados métodos qualitativos para obter uma descrição aprofundada dos métodos de conhecimento indígenas utilizados para tornar o solo fértil para o cultivo de culturas e também para avaliar a aplicação dos métodos no solo pelos agricultores.

3.3. Recolha de dados secundários

De acordo com de Vos (2011), os dados secundários são os dados que foram recolhidos por alguém que não o utilizador. A recolha de dados secundários envolve a análise de qualquer material escrito que contenha informações sobre o fenómeno que está a ser investigado. Exemplos disso são as revisões de literatura ou estudos de caso, revistas, artigos e livros (Flowerdew e Martin, 2005). Este método foi utilizado para fornecer a base do estudo e para identificar e colmatar as lacunas sobre o tema da investigação.

3.4. Recolha de dados primários

Os dados primários de investigação consistem numa coleção de dados originais recolhidos pelo investigador. De acordo com Mellenbergh e Ader (2008), é muitas vezes realizada depois de o investigador ter adquirido algum conhecimento sobre a questão através da análise de dados secundários e de dados primários recolhidos anteriormente. Os dados primários podem ser obtidos através de questionários, entrevistas, experiências e observações directas. Tanto os dados primários como os dados secundários são importantes para o estudo.

3.5. Participantes

Durante a recolha de dados, foram administrados 50 questionários a pequenos agricultores da zona de estudo. Os questionários foram aplicados aos agricultores, de forma aleatória, na área de estudo.

3.6. Recolha de dados

A área de estudo foi cartografada utilizando o sistema de informação geográfica (SIG). Para obter informações sobre o estudo, foram utilizados questionários para recolher dados junto dos residentes de Brooks Nek, tendo sido também utilizadas observações e fotografias. O Google Earth também foi utilizado para obter a localização da área de estudo.

3.7. Inquérito por questionário

Um questionário é um instrumento de investigação que consiste numa série de perguntas e outros estímulos com o objetivo de recolher informações dos inquiridos. Para responder aos quatro objectivos do estudo, existem muitos tipos de questionários; para esta investigação, foi utilizado um questionário do tipo face a face, em que o entrevistador apresentou os itens oralmente (Mellenbergh e Ader, 2008). De Vos et al (2011) afirma que os questionários são definidos como um documento que contém perguntas e outros tipos de itens concebidos para solicitar informações adequadas para análise. Os questionários foram utilizados para conhecer os métodos utilizados para melhorar a fertilidade do solo para o cultivo de culturas na zona e para obter o nível dos seus conhecimentos sobre a forma de utilizar esses métodos. Os questionários foram também utilizados para determinar os problemas causados por esses métodos no solo e no crescimento e produção das culturas.

3.8. Observação direta

A observação não-participante é um método de recolha de informação avaliativa em que o investigador observa o sujeito num ambiente de estudo sem tomar parte. Este método foi utilizado para observar o impacto e a forma como os pequenos agricultores utilizam estes métodos para melhorar a fertilidade do solo em Brooks Nek. Foram tiradas fotografias da área de estudo, das culturas e dos métodos que utilizam para melhorar a fertilidade do solo e o crescimento das plantas.

3.9. Os instrumentos

1. Câmara fotográfica
2. Computador
3. Registo de voz

Estes foram utilizados para cartografar e tirar fotografias. Os dados necessários para este estudo foram recolhidos através de questionários elaborados e de um gravador de voz para entrevistas, bem como de observação não participante.

3.10. Tratamento e análise dos dados

A recolha de dados com questionários de inquérito durante o trabalho de campo foi categorizada por sexo (masculino e feminino) e registada de acordo com cada agregado familiar. Os dados foram interpretados de forma lógica através de figuras, diagramas de tartes, gráficos, tabelas e quadros. Foi utilizado o Microsoft Excel para analisar a informação recolhida.

3.11. Conclusão

A metodologia utilizada contribuiu para o êxito da investigação. A informação obtida sob a forma de inquérito por questionário e observação não participante ajudou a cumprir os objectivos através da informação descoberta e das imagens obtidas na área de estudo. O Arc map é um dos programas informáticos que facilitou o desenho do mapa da localidade de Brooks Nek, que se situa no município local de UMzimvubu, no distrito de Mount Ayliff, na África do Sul. Em termos de análise, foi utilizado o Microsoft Excel para analisar a informação recolhida e interpretar a informação sob a forma de gráficos de pizza e tabelas.

CAPÍTULO 4

APRESENTAÇÃO E DISCUSSÃO DOS RESULTADOS

4.1. Introdução

Este capítulo apresenta as conclusões que o investigador obteve na área de estudo. Fornece as respostas que o investigador procurava e que derivavam dos quatro objectivos da investigação. Apresenta também as diferentes vertentes dos respectivos capítulos e fornece conclusões baseadas nos resultados do estudo. O capítulo contém também as respostas dos questionários que foram administrados às famílias da comunidade de Brooks Nek e os resultados da observação não participante, a aplicação dos métodos e os tipos de métodos foram fotografados.

4.2. Informações sobre os antecedentes dos agricultores de Brooks Nek.

4.2.1. Género

De acordo com os dados recolhidos no terreno, 62% dos inquiridos eram mulheres e 38% dos inquiridos eram homens. O género afectou a agricultura em Brooks Nek. Devido à falta de participação masculina na agricultura, apenas uma pequena porção de terra foi cultivada. Isto também afectou os métodos de melhoria da fertilidade do solo, porque as mulheres não conseguem realizar o procedimento adequado de aplicação de fertilizantes. Isto deve-se ao facto de elas se ocuparem de várias tarefas no dia a dia da casa. As percentagens estão indicadas na figura 1 abaixo.

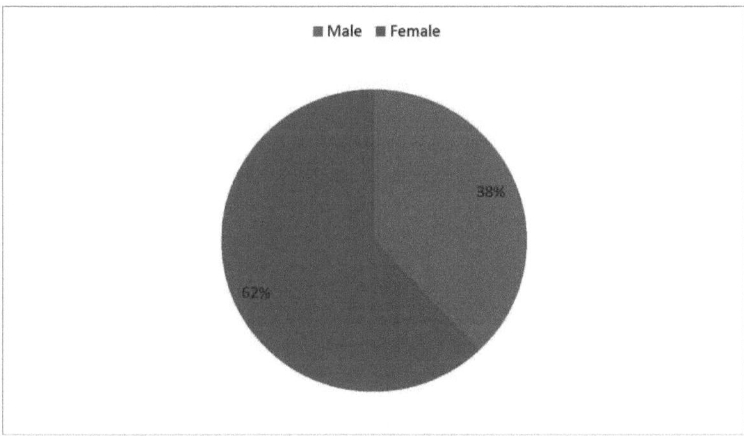

Figura 1: Género

4.2.2. Ensino

De acordo com os dados recolhidos na zona, 50% dos inquiridos não tinham qualquer educação formal (não escolarizados), enquanto apenas 36% tinham atingido o ensino pós-secundário e 14% dos inquiridos tinham o ensino básico. O inquérito revelou que 60% dos inquiridos tinham mais de 20 anos de experiência agrícola. Com este baixo nível de educação, os pequenos agricultores da área de investigação não conseguiam ler claramente as instruções ou os rótulos dos fertilizantes. Isto levou à utilização excessiva de alguns fertilizantes, bem como à mistura dos mesmos. Alguns não conseguiam identificar o fertilizante que estavam a usar porque não conseguiam ler os nomes ou lembrar-se dos nomes do fertilizante anterior. Dado que a maioria dos agricultores não tinha educação formal, é provável que não tenham acesso suficiente a conhecimentos sobre o uso adequado de fertilizantes, o que influencia o crescimento da agricultura na área e também é uma causa de fracasso da agricultura na área. A Figura 2 abaixo mostra as variações de educação dos inquiridos na área de estudo, respetivamente.

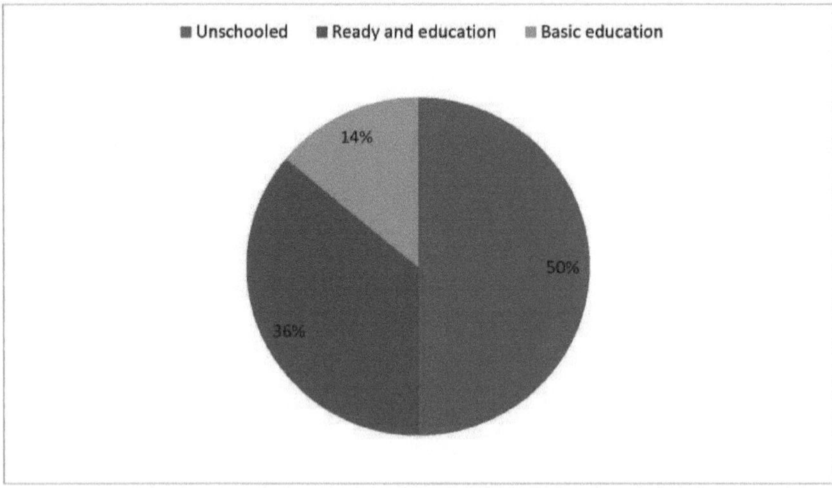

Figura 2: Nível de educação

4.2.3. Emprego

De acordo com a recolha de dados, a tabela 1 abaixo mostra as fontes de rendimento dos inquiridos na área de investigação. Alguns deles recebem subsídios do governo, enquanto outros trabalham para o governo. 41 inquiridos de uma amostra de 50 estavam desempregados. 9 dos inquiridos a quem foi aplicado o questionário estavam empregados. O elevado nível de desemprego na área levou a que os agricultores não conseguissem obter mais métodos de melhoramento do solo para aumentar a fertilidade do solo para boas colheitas. Devido ao facto de muitas pessoas na zona dependerem de subsídios do governo para satisfazerem todas as suas necessidades, era-lhes difícil comprar métodos de melhoramento do solo, que também precisavam de ser transportados dos mercados existentes na cidade. Os agricultores da zona não tinham, portanto, outra opção senão utilizar estrume animal, que não tem custos. Por conseguinte, isso contribui para a baixa produção e a baixa atividade agrícola na zona.

Employment status	Number of respondents
Employed	41
Unemployed	9
Total	50

Quadro 1: Situação do emprego na zona de estudo

4.2.4. Dependência do cultivo

De acordo com a recolha de dados, 16% dos inquiridos em Brooks Nek dependem exclusivamente do cultivo como principal fonte de rendimento e 84% dependem parcialmente do cultivo porque há outras fontes de rendimento de que dependem, tais como subsídios do governo, subsídios de emprego e donativos. Devido a isso, as pessoas da zona não podem pagar métodos de melhoramento do solo, o que levou muitos agricultores a deixarem de cultivar. Alguns inquiridos decidiram cultivar pequenas terras apenas para legumes, devido ao facto de a maioria dos inquiridos serem mulheres idosas e não terem muito poder para cultivar em grande escala. Isto reduziu a taxa de atividade agrícola em Brooks Nek. Os subsídios do Governo também afectaram a agricultura na zona, porque as pessoas têm rendimentos que as fazem depender parcialmente da agricultura. A Figura 3 abaixo indica as percentagens de dependência do cultivo para a subsistência.

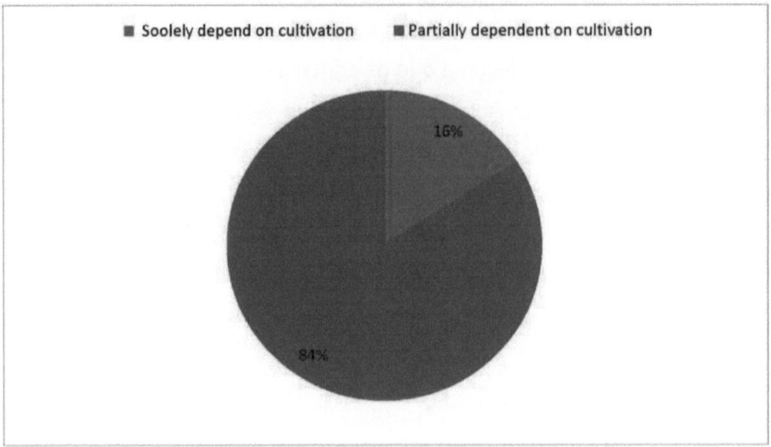

Figura 3: Dependência do cultivo para a subsistência.

4.2.5. Objetivo da cultura.

A figura 4 abaixo indica os resultados obtidos sobre o objetivo do cultivo dos inquiridos na área. 56% dos agricultores cultivam para subsistência, 6% cultivam para comercialização e 38% para comercialização e subsistência. A maior parte deles usa a produção para subsistência porque a falta de chuva tem sido um grande problema que levou a um crescimento fraco. Uma vez que se trata de uma zona rural, a comercialização não é uma prática muito praticada e a maioria das pessoas encontradas são mulheres que têm muito trabalho em casa e não têm poder e tempo para praticar a agricultura em grande escala. Assim, só vendem quando há excedentes.

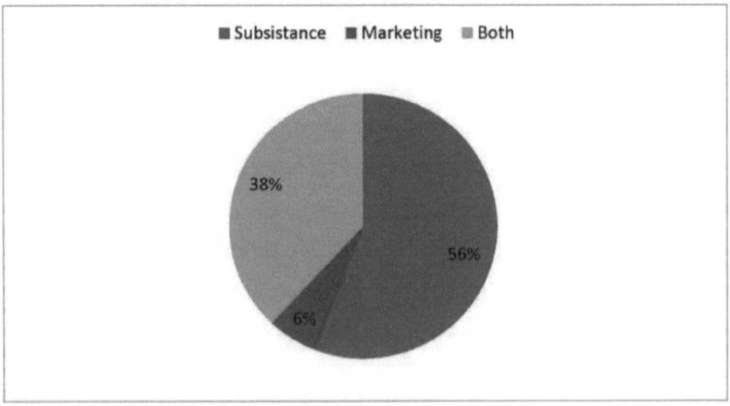

Figura 4: objetivo do cultivo

4.3. Métodos utilizados pelos agricultores para melhorar a fertilidade do solo

De acordo com o objetivo de estudo 1, que avalia os métodos utilizados pelos agricultores para melhorar a fertilidade do solo, existem muitos métodos de melhoria da fertilidade do solo utilizados pelos agricultores em Brooks Nek. Estes incluem fertilizantes, irrigação e a utilização de curvas de nível, compostagem e lavoura.

De acordo com os dados recolhidos no terreno, 58% dos agricultores utilizam fertilizantes orgânicos e 12% utilizam fertilizantes inorgânicos.

A maioria dos agricultores de Brooks Nek está a usar fertilizante orgânico porque é acessível, sempre disponível e sem custos. De acordo com os inquiridos, o método tem uma boa produção de rendimento das culturas porque está sempre disponível e acessível e não necessita de formação para saber como aplicar.

De acordo com a maioria dos agricultores na área de pesquisa, o fertilizante inorgânico não é acessível, a falta de conhecimento sobre como usar o método devido à falta de informações básicas sobre ele foi o problema. Alguns inquiridos experimentaram falhas na germinação de sementes de culturas e queima de plantas (as refeições mudam o pigmento verde para vermelho-amarelado) como resultado do fertilizante inorgânico.

Poucos agricultores utilizam fertilizantes inorgânicos porque dizem que são bons para o crescimento e o rendimento das culturas e fornecem nutrientes (azoto, ferro, carbono, etc.) que são necessários ao solo. De acordo com os dados recolhidos, 30% dos inquiridos preferem utilizar fertilizantes inorgânicos e orgânicos para melhorar a fertilidade do solo.

Explicaram ainda que, quando misturados, produzem boas colheitas e utilizam ambos para aumentar o rendimento e manter as plantas saudáveis. Também utilizam o método misto para diluir os químicos fortes dos fertilizantesinorgânicos que levam à morte das plantas quando utilizados isoladamente. A compostagem e o mulching, a decomposição da erva e das cinzas de lenha, os restos de plantas e a serradura são também utilizados pelos agricultores como fertilizantes inorgânicos para aumentar a fertilidade do solo. A Figura 2 abaixo mostra os diferentes métodos utilizados para melhorar a fertilidade do solo na área de investigação.

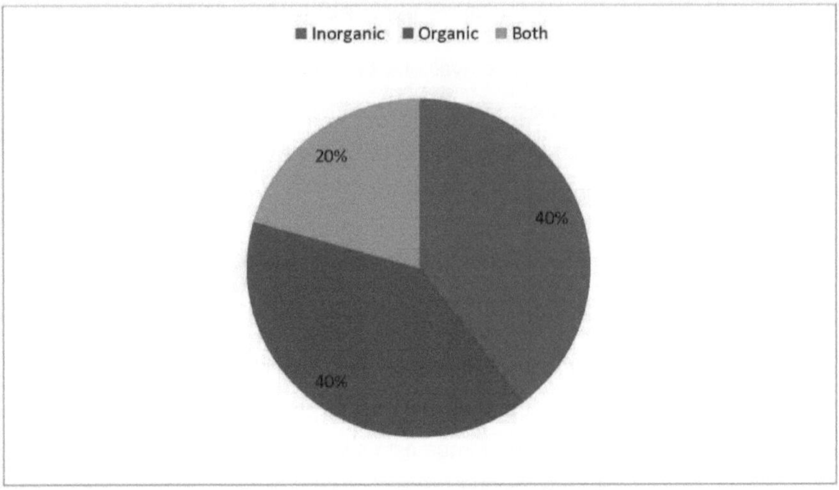

Figura 5: Tipos de métodos de melhoramento do solo

De acordo com os dados recolhidos na área de investigação, foram observados diferentes métodos de melhoramento do solo. Na tabela 1, em baixo, apresentam-se os fertilizantes orgânicos e inorgânicos utilizados pelos pequenos agricultores de Brooks Nek.

Placa 1: Mostrando diferentes tipos de métodos de melhoramento do solo utilizados pelos agricultores em Brooks Nek.

4.4. Acessibilidade e preço acessível dos métodos de melhoramento do solo

Acessibilidade

De acordo com o objetivo 3, relativo à acessibilidade e ao preço dos métodos de melhoramento do solo, 70% dos agricultores a quem foi aplicado o questionário tiveram acesso e utilizam apenas fertilizantes orgânicos, enquanto 30% têm acesso a fertilizantes inorgânicos. A falta de conhecimentos e o desemprego levaram a que os fertilizantes fossem menos acessíveis aos agricultores, especialmente nas zonas rurais. Isso indica que ainda há necessidade de tornar os fertilizantes mais acessíveis, por exemplo, estabelecendo mais depósitos mais próximos das comunidades agrícolas.

A baixa percentagem de agricultores com acesso a fertilizantes inorgânicos resultou numa elevada percentagem de desemprego na zona, porque os agricultores não têm dinheiro suficiente para obter bons fertilizantes inorgânicos no mercado e transportá-los. O desemprego tem contribuído muito para o menor acesso a fertilizantes inorgânicos, o que tem afetado a indústria agrícola da zona, bem como os preços elevados dos fertilizantes inorgânicos. Também devido à falta de conhecimentos sobre a gestão de fertilizantes na comunidade, os inquiridos sem educação tiveram menos acesso a alguns tipos de fertilizantes, como os fertilizantes químicos, porque não sabem como utilizá-los. A figura 6 abaixo mostra a acessibilidade do estrume orgânico e inorgânico ao agricultor de Brooks Nek.

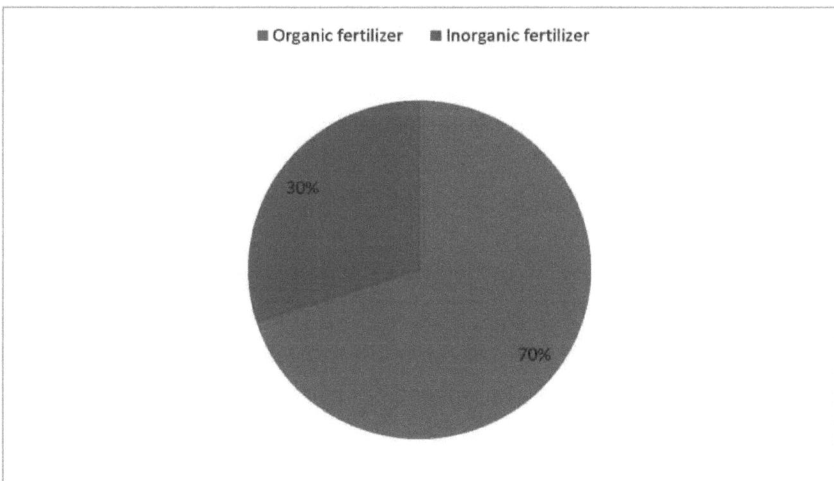

Figure 6: acessibilidade dos fertilizantes

Preço dos fertilizantes

Até 75% dos agricultores a quem foram administrados os questionários afirmaram que os fertilizantes são muito caros e não são acessíveis, enquanto 25% compram fertilizantes. Isto implica

que aqueles que podem pagar podem não ser capazes de comprar a quantidade recomendada, levando assim a aplicações que estão abaixo das taxas recomendadas. A maioria destes agricultores não tinha qualquer emprego formal e tendia a depender de subsídios de pensão do governo e subsídios de assistência social para financiar as suas actividades agrícolas. A figura 7 abaixo indica a acessibilidade da fertilidade.

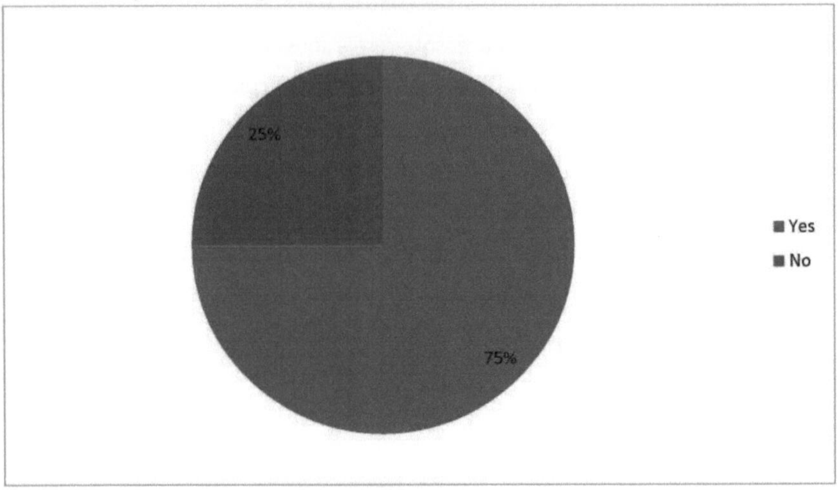

Figure 7: acessibilidade dos fertilizantes

4.5. Aplicação de métodos de melhoramento do solo

De acordo com o objetivo 2: investigar a forma como estes métodos são praticados

Uma grande percentagem dos agricultores indicou que está bem informada sobre o tempo e as taxas de utilização de fertilizantes, o que constitui 67% dos inquiridos que tinham conhecimentos sobre a aplicação de fertilizantes e o tempo de cultivo. Muitos agricultores a quem foram aplicados os questionários consideram as épocas de cultivo. Por isso, alguns dos agricultores aplicam estrume na parte superior do solo antes de o solo ser lavrado ou preparado para o cultivo, a fim de aumentar os nutrientes do solo. Isto é mostrado na placa 2 abaixo, onde a escolha certa do fertilizante, tempo, métodos e taxas de aplicação são todos factores cruciais para obter uma boa fertilidade do solo, crescimento máximo das plantas e rendimento. A aplicação inadequada de fertilizantes ou corretivos do solo pode desperdiçar recursos, causar poluição da água e danificar os solos (Odhiambo e Magandini, 2008).

Placa 2: Aplicação de estrume animal no solo superficial

4.5.1. Aplicação de estrume orgânico no solo

De acordo com o objetivo 2, a maioria dos agricultores da área de investigação utilizava estrume animal para aumentar a fertilidade do solo para o crescimento das culturas. Isto deveu-se à disponibilidade de estrume quando necessário e à sua acessibilidade. Também o desemprego e a falta de conhecimentos forçaram os agricultores a não usar outros tipos de estrume, mas a usar estrume animal porque é acessível. As terras de cultivo foram preparadas no início de cada estação e sempre após a colheita das culturas. Os agricultores utilizaram tractores, enxadas, carrinhos de animais, plantadores e mãos para aplicar o estrume no solo e também para plantar sementes após a aplicação do estrume. A placa 3 abaixo indica as formas de aplicação de estrume animal

Placa 3: aplicação de estrume animal pelos agricultores em Brooks Nek

De acordo com os inquiridos, a aplicação de fertilizante animal no topo do solo antes da

plantação ajuda a melhorar o crescimento e a saúde das plantas e os nutrientes do solo. Um dos inquiridos indicou que o estrume animal (resíduo decomposto de vaca) contém micróbios e torna o solo rico e dá um verde escuro às folhas das culturas, o que indica a saúde da cultura. Isto também pode ser feito depois de as sementes terem sido plantadas e o estrume actua como cobertura, como indicado na placa 4 abaixo.

Placa 4: Mostra estrume animal em linhas de solo e buracos em Brooks Nek

De acordo com o objetivo 2, as enxadas locais e o trabalho manual foram os equipamentos mais utilizados para aplicar o estrume animal no solo, com 66% da população. Apenas 10% dos agricultores utilizavam tractores e 24% utilizavam carroças para aplicar o estrume no solo. A principal fonte de estrume provinha dos agricultores que criavam gado, principalmente bovinos, ovinos e caprinos, e também dos que tinham aves de capoeira, suínos e excrementos de cavalo. Muitos inquiridos indicaram que a utilização de estrume animal é boa para a produção de culturas quando aplicada corretamente. Os agricultores apenas se queixaram de que os tractores nem sempre estão disponíveis e não são acessíveis. Os agricultores consideram que os carros de tração animal consomem muito tempo e exigem muita mão de obra. A Figura 8 abaixo mostra os instrumentos agrícolas utilizados para a aplicação de fertilizantes encontrados em Brooks Nek.

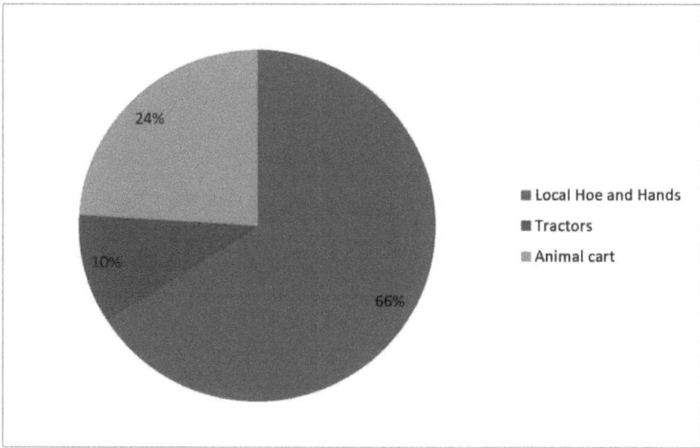

Figura 8: Ferramentas agrícolas utilizadas para a aplicação de fertilizantes

4.5.1. Mistura de aplicação de estrume orgânico e inorgânico

De acordo com um dos inquiridos, é importante utilizar estrume animal para aumentar os nutrientes do solo porque este tipo de estrume tem um elevado teor de nutrientes. Apesar disso, para obter uma boa produção de culturas, os agricultores estão a utilizar tanto o estrume animal como uma quantidade medida de fertilizante NPK e outros fertilizantes inorgânicos. Os agricultores misturam esta gota animal com pequenos grânulos brancos de fertilizante NPK e aplicam-no na quinta antes de plantar as culturas. Portanto, a aplicação de fertilizantes varia entre os indivíduos da comunidade. Alguns agricultores usam equipamento agrícola, como plantadores e enxadas, para aplicar este estrume no solo. A placa 5 abaixo mostra esta forma de aplicação em Brooks Nek.

Placa 5: Uma prática observada de estrume animal mais fertilizante químico

4.5.3. Aplicação de fertilizantes inorgânicos

O fertilizante mais utilizado na área de investigação foi o fertilizante NPK com NPK (2:3:2), NPK (2:3:4), NPK (3:2:1) e nitrato de amónio e cal (LAN) e ureia, que é indicado na placa 1 como um método de melhoramento do solo onde os agricultores o espalham à superfície do solo para o crescimento das culturas. O NPK (2.3.2) e o gromor tiveram uma utilização considerável na área. Todos estes fertilizantes são aplicados pelos agricultores no solo de diferentes maneiras e usando diferentes ferramentas. Isto pode estar associado à disponibilidade e acessibilidade de estrume e fertilizantes na área de investigação e, portanto, à necessidade de equilibrar os nutrientes fornecidos às culturas.

4.5.4. Aplicação de cinzas de madeira

De acordo com os dados recolhidos em Brooks Nek, alguns agricultores utilizam cinzas de lenha antes da lavoura. De acordo com um dos inquiridos, o uso de cinzas de madeira é importante para queimar ervas daninhas e capim desnecessário que perturba o crescimento das culturas. A placa 6 abaixo mostra o método de cinzas de lenha aplicadas ao solo na horta antes de lavrar ou preparar o solo para o cultivo.

Placa 6: Aplicação de cinzas de lenha no solo superficial em Brooks Nek

4.6. Impacto dos métodos de melhoramento do solo

De acordo com o objetivo de investigação 4, que avalia os impactos dos métodos de melhoramento do solo, houve alguns impactos que os membros da comunidade experimentaram com as aplicações de fertilizantes. Queixaram-se do aumento do nível de ervas daninhas, causado pelo estrume animal, e da morte das culturas devido à utilização específica de estrume de cabra.

Muitas pragas também causam um crescimento deficiente, pragas como a toupeira e os vermes cortadores, que se devem à aplicação de fertilizantes orgânicos e inorgânicos. Os agricultores identificam os impactos observando a produção, as folhas das culturas, o comprimento e a taxa de crescimento, bem como a morte das culturas ou a não germinação das sementes após a plantação. A Figura 9 abaixo indica que 51% dos agricultores em Brooks Nek não têm ideia se os impactos nas suas hortas foram causados por fertilizantes ou não. Enquanto 5% concordaram que os impactos foram causados por métodos de melhoramento do solo e 44% disseram que os impactos não foram causados por métodos de melhoramento do solo.

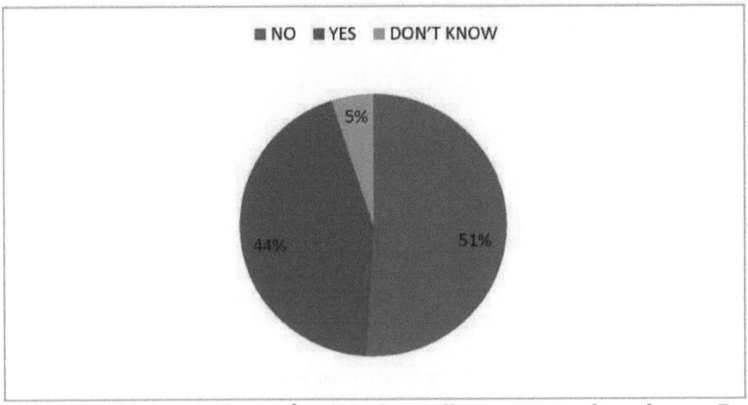

Figura 9: Impacto dos métodos de melhoramento do solo em Brooks Nek

4.7. Práticas de gestão utilizadas pelos agricultores

De acordo com os inquiridos a quem foram administrados os questionários, as práticas de gestão dos agricultores de Brooks Nek para manter a fertilidade do solo foram a cultura mista, a cultura intercalar e a rotação de culturas. O cultivo misto com 40% foi visto como a prática comum entre os pequenos agricultores de Brooks Nek, devido ao tamanho da sua terra usada para cultivar uma variedade de culturas. A cultura mista é definida como o cultivo de diferentes tipos de culturas na mesma parcela ou pedaço de terra.

De acordo com a recolha de dados, 23% da rotação de culturas foi utilizada para manter e devolver os nutrientes do solo perdidos durante a colheita e 11% dos agricultores praticam a cultura intercalar. 26% dos inquiridos praticavam todas as práticas de gestão nas suas hortas, uma vez que estas protegem e sustentam o solo. Observou-se que os agricultores da zona também praticam outros métodos, tais como a utilização de parcelas, a sementeira de culturas e alguns plantam as suas culturas dentro da roda do carro. A placa 8 indica a sementeira e a roda do carro utilizadas e a Figura 10 abaixo indica as práticas de gestão do solo para manter a fertilidade do solo.

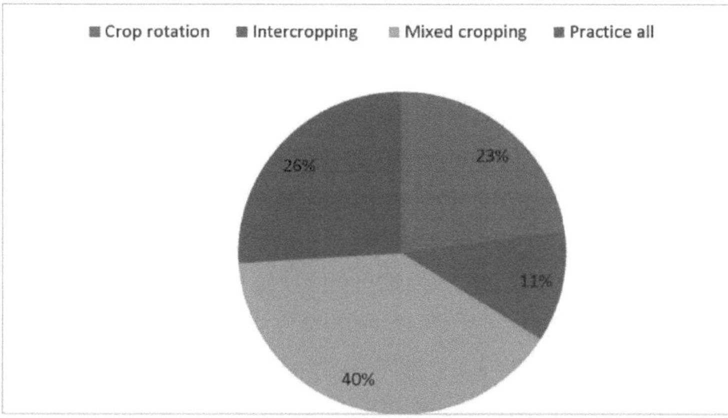

Figura 10: práticas de gestão do solo para manter a fertilidade do solo em Brooks Nek

Placa 7: plantio de mudas e uso de pneu de carro

Mulching

Um outro método utilizado pelos pequenos agricultores para aumentar a fertilidade do solo é a cobertura morta, que é definida como uma prática de utilização de restos de vegetais como fertilizante, de modo a evitar a evaporação excessiva ou a erosão e enriquecer o solo. A placa 9 abaixo indica a cobertura morta.

Placa 8: cobertura vegetal

4.9. O estado do solo em Brooks Nek

Foram observados três tipos de cores de solo em Brooks Nek durante a recolha de dados. Estas cores de solo são esbranquiçadas e, na sua maioria, amarelo-avermelhadas, de drenagem livre, que proporcionam as melhores terras de cultivo devido aos seus elevados níveis de ferro e outros minerais e elementos do solo. Nos últimos anos, a área tem estado sujeita à erosão do solo. A localização de Brooks Nek é íngreme, o que torna a área vulnerável à erosão em épocas de chuva intensa, abrindo dongas e dificultando assim o cultivo de culturas. Os agricultores de Brooks Nek estão a utilizar curvas de nível nas suas hortas para evitar a erosão do solo. Alguns dos agricultores estão a utilizar as curvas de nível através do cultivo de erva, separando a terra em duas partes para evitar a erosão do solo pelas cheias. A placa 8 abaixo indica os três tipos de cores de solo em Brooks Nek.

Placa 9: Três tipos de cores de solo em Brooks Nek

Muitos agricultores de Brooks Nek estão a utilizar o método tradicional de cultivo. Apenas alguns estão a utilizar o método convencional. Isto deve-se à riqueza do seu solo, que tem várias cores. De acordo com os residentes, estes diferentes tipos de solo têm produzido boas colheitas. De acordo com os inquiridos, a germinação das culturas demora apenas sete dias e o crescimento é muito rápido quando há chuva suficiente, ou seja, demora três meses a colher, especialmente as leguminosas. Alguns dos inquiridos tiveram uma produção fraca devido à utilização de métodos de melhoramento do solo. O fracasso no crescimento e na produção das culturas pode ser resultado do tipo de estrume utilizado, da taxa e da quantidade, e da falta de conhecimentos sobre como e quais os fertilizantes que são bons para a produção das culturas. A maioria dos agricultores não tem outras alternativas quando a fertilidade do solo falha, exceto o uso de fertilizantes e estrume animal. Aqueles que consideram a topografia antes de plantar, fazem curvas de nível na encosta íngreme para que o solo não seja erodido com as culturas durante a chuva forte. O estudo também mostra que o solo adequado para o cultivo é argiloso e franco. Os solos arenosos não são bons para o cultivo. Para ver ou saber se o solo é fértil, os agricultores utilizam o desempenho das culturas e a inspeção visual. Nenhum dos inquiridos utiliza instrumentos modernos como a motosserra, a tesoura de poda pequena e a tesoura de poda grande, o garfo manual, a espátula e a fita métrica.

4.10. Conclusão

A partir dos resultados descobertos na área de investigação. As pessoas em Brooks Nek estão a utilizar vários métodos de melhoramento do solo. Têm as suas estratégias de utilização de tais métodos, tais como a mistura de estrume animal e fertilizante químico (fertilizante NPK). O composto é o único método que não é utilizado por muitos agricultores em Brooks. O estrume animal, especialmente os excrementos de vaca, cabra e ovelha, são os métodos de melhoria da fertilidade do solo mais utilizados na zona. As práticas de gestão do solo foram as outras formas utilizadas pelos agricultores para manter os nutrientes do solo, especialmente as culturas mistas e a rotação de culturas. O único problema foi a falta de formação, a acessibilidade e a acessibilidade dos métodos de melhoria do solo para os agricultores da região. Além disso, muitos agricultores não se queixavam dos métodos de melhoramento do solo. O principal problema era a falta de água e as pragas, etc.

CAPÍTULO 5

RESUMO DOS RESULTADOS, CONCLUSÃO E RECOMENDAÇÃO 5.1. Introdução

Neste capítulo, é apresentado um resumo dos resultados, conclusões e recomendações em termos de métodos de melhoria da fertilidade do solo utilizados pelos agricultores, aplicação, viabilidade económica, acessibilidade e impacto dos métodos de melhoria da fertilidade do solo nas culturas.

5.2. Resumo das conclusões

Os resultados e a análise deste capítulo mostram claramente que são utilizados métodos de melhoramento do solo, que desempenham um papel importante no cultivo das culturas e melhoram a produção na zona. No entanto, a diminuição do número de agricultores que praticam o cultivo de culturas e a fraca produção e fertilidade não são afectadas apenas pelos métodos de melhoramento do solo, mas também por outros impactos, como a precipitação, ou seja, a disponibilidade de água. A forma de aplicar estes métodos depende do tamanho da terra cultivada e é aplicada após a colheita, a fim de devolver os nutrientes perdidos durante a colheita.

A eficácia é determinada pelo bom crescimento das culturas e das folhas, o que permite uma boa produção. A tónica foi colocada na promoção do cultivo na área, utilizando métodos tradicionais e estes tipos de métodos acessíveis de melhoramento do solo, uma vez que a maioria das pessoas sabe como utilizar e aplicar o estrume no seu solo. A educação ministrada pelo departamento de agricultura é muito importante e ajudará a melhorar os conhecimentos dos agricultores, a fim de se adaptarem às alterações climáticas e a outros fenómenos que possam estar a contribuir para falhas na produtividade do solo.

Muitos agricultores estavam a utilizar o método tradicional de cultivo. Apenas alguns utilizavam o método convencional. Isto deve-se à riqueza do solo, que tem várias cores. De acordo com os dados recolhidos no campo, os métodos utilizados são bons porque têm uma boa produção e um crescimento rápido das plantas. De acordo com a investigação, ficou claro que a germinação da cultura demora apenas sete dias e o crescimento é muito rápido se houver nutrientes suficientes no solo e chuva suficiente. O crescimento leva apenas três meses para colher algumas das culturas e leguminosas.

O insucesso no crescimento e na produção das culturas deve-se ao tipo de estrume utilizado, à taxa e à quantidade, e à falta de conhecimentos sobre o tipo, como e quando aplicar a fertilidade do solo, o que leva ao insucesso da produção das culturas. A maioria dos agricultores não tinha outras alternativas para aplicar quando a fertilidade do solo falha, exceto o uso de fertilizantes e estrume. Poucos praticam a compostagem e outros métodos tradicionais que não sejam o estrume animal e os fertilizantes.

Devido à falta de conhecimentos, poucos pequenos agricultores de Brooks Nek verificam o tipo de solo, a cor do solo, a drenagem do solo e a topografia antes de utilizarem o solo, que são os elementos mais importantes a ter em conta quando se cultiva, a fim de manter o solo e os seus nutrientes e obter boas colheitas. A partir da entrevista, alguns consideram a topografia porque a localização de Brooks Nek é íngreme, o que faz com que a erosão ocorra na área durante a estação das chuvas. Os agricultores, antes de plantarem, fazem curvas de nível para que o solo não sofra erosão com as suas culturas durante as chuvas fortes. De acordo com os seus conhecimentos indígenas, os solos argilosos e arenosos não são bons para o cultivo. Para ver ou saber se o solo é fértil, os agricultores recorrem ao desempenho das culturas e à inspeção visual. Nenhum dos inquiridos utiliza medidas como a medição do PH do solo e o termómetro de temperatura do solo para testar o solo, porque não as conhecem. É muito importante para eles considerar a época de cultivo de certas culturas, o que torna mais fácil saber se é o solo que não está a produzir ou se a cultura foi cultivada na época errada. Muitos agricultores da região consideram as estações do ano para cultivar as suas culturas e a maior parte deles aplica o estrume nas suas hortas antes do cultivo, preparando assim o solo com antecedência.

Também é necessário melhorar a prestação de medidas e medições para diminuir o impacto dos problemas de más colheitas após a aplicação de estrume, o que também foi importante para o investigador. Os serviços de extensão aos agricultores têm de ser melhorados para que os agricultores possam aceder a informação relevante sobre a utilização de fertilizantes. Além disso, o departamento de agricultura tem de fornecer às zonas rurais novos instrumentos de cultivo.

Em conclusão, a investigação revelou claramente que a zona de Brooks Nek enfrenta uma série de problemas no que respeita ao cultivo, não sendo apenas a falta de métodos de melhoria da fertilidade do solo o problema, mas havendo também outros factores que contribuem para o fracasso da produção agrícola. Um desses problemas foi a pluviosidade e a falta de conhecimentos e infra-estruturas para melhorar a sua forma de aplicar os métodos de melhoramento do solo.

5.3. Conclusões e recomendações

5.3.1. Conclusão

Com base na informação recolhida, foi evidente que muito poucos pequenos agricultores em Brooks Nek estão a utilizar métodos de melhoramento do solo. O método mais utilizado é o estrume animal. Embora os agricultores utilizem esses métodos de melhoramento do solo, o conhecimento continua a ser um problema que é necessário para os ajudar a adaptarem-se às mudanças do tempo e do clima para um cultivo bem sucedido.

Os resultados obtidos junto dos pequenos agricultores de Brooks Nek mostram que estes deixaram de cultivar não devido aos fertilizantes ou aos métodos que utilizam para melhorar a fertilidade do solo, mas devido a outros factores, como a falta de precipitação e a possibilidade de preparar e cultivar as suas terras. Por conseguinte, é necessário analisar todos os factores que podem ser a causa da infertilidade do solo.

5.3.2. Recomendações

Todos os agricultores podem reunir os seus recursos financeiros para poderem comprar factores de produção agrícola a granel, de modo a obterem descontos. Estas estratégias ajudarão a reduzir o montante que gastam e também aqueles que não têm meios para comprar fertilizantes por si próprios poderão contribuir com o pouco que têm e obter fertilizantes. Isto ajudará a encorajar outros pequenos agricultores que deixaram de cultivar. Os bancos de apoio à agricultura, como o Landbank, que apoia a comercialização dos pequenos agricultores, devem ser incentivados pelo governo a conceder empréstimos a taxas de juro baixas aos pequenos agricultores, com o governo a fornecer garantias. A formação de cooperativas também é outra alternativa para contornar o obstáculo das restrições financeiras.

O governo precisa de fornecer melhores infra-estruturas para que os agricultores dos locais remotos possam ter acesso à informação, à tecnologia e à capacidade de chegar aos mercados com os seus produtos. Os esforços actuais das empresas de moagem no sentido de estabelecerem pequenos depósitos de comercialização devem ser encorajados, de modo a poderem servir o maior número possível de comunidades agrícolas. Os serviços de extensão aos agricultores não são facilmente acessível a todos os agricultores. Por conseguinte, é necessário que o governo forme mais pessoal de extensão agrícola para atender à maioria dos agricultores. Dado que a maioria dos agricultores não tem educação formal, é necessário formá-los sobre a utilização de fertilizantes, bem como sobre os benefícios e desvantagens dos fertilizantes inorgânicos.

O governo deve promover e encorajar o cultivo de culturas e a gestão do solo para os pequenos agricultores como uma das estratégias de desenvolvimento rural. O governo deve também desenvolver muitos projectos nas zonas rurais que ensinem as pessoas a praticar o cultivo sustentável. Também apoiar todos os projectos agrícolas no início até que o projeto seja capaz de se manter por si próprio.

É necessário realizar muitos estudos semelhantes noutras zonas rurais do Cabo Oriental e noutras províncias da África do Sul, a fim de descobrir todos os factores que levam ao fracasso e à falta de interesse no cultivo de culturas no país, especialmente nas zonas rurais. Isto promoverá o desenvolvimento rural através de um solo saudável para um bom cultivo de culturas, a fim de combater a pobreza e melhorar a economia do país.

REFERÊNCIAS

1. Agra M.F, Franca P.F, Barbosa-Fillio J.M (2007), Sinopse das plantas conhecidas como medicinais e venenosas no nordeste do Brasil. Rev. Bras. Farmacogn 17: 114-140.
2. Asadu, C.L.A. e Unagwu, B.O (2012), Efeito da combinação de estrume de aves e fertilizante inorgânico no desempenho do milho num ultisol do sudeste da Nigéria. Jornal da Nigéria de Ciência do Solo.
3. Atkinson D, Watson C. A, Hooker J. E & Black K. E (1995), Nutrient Conservation in Organic Crop Production Systems In: Soil Management in Sustainable Agriculture, HF Cook & HC Lee, Wye College Press Ashford.
4. Brady N.C & Weil R. (2008), The nature and properties of soils 14th edition. Pearson Prentice Hall. Nova Jersey, EUA.
5. Brady, N.C., e R.R. Weil. (2010), The nature and properties of soils. Pearson/Prentice Hall, Upper Saddle River, New Jersey, EUA.
6. Bollinger A., Hansen, K.D & Fowler R. (2006), Constraints limiting smallholder adoption of Conservation Agriculture: Algumas observações baseadas em três programas sul-africanos orientados para os pequenos agricultores
7. Bundy L.G., Tunney H. & Halvorson A.D (2005), Agronomic aspects of phosphorus

management. In: Phosphorus: Agriculture and the Environment. ASA, CSSA e SSSA, Madison, Wisconsin, EUA.

8. Cezer, P.M (2004), Organic fertilizer in rice: Myths and facts. Uma Série de Educação Pública da Fundação do Arroz da Ásia. Revista Internacional de Publicações Científicas e de Investigação, Volume 5.
9. Chukwu, L. I, Ano, A. O e Asawalam, D. O (2012), Efeitos do estrume de aves de capoeira e do fertilizante NPK nas propriedades do solo e na absorção de nutrientes do crescimento de plantas de milho (Zea mays L.) num ultisol. Universidade da Nigéria Nsukka.
10. Clark A., (2007), Managing cover crops profitably. 3ª ed. Rede de Agricultura Sustentável. United Book Press, Inc.
11. De Vos A.S, Strydom H, Fouche C.B, e Delport C.S.L (2011), Research at grass roots 4th edition, Pretória, Van Schaik Publishers.
12. Dimes .J, Carberry .P (2007). Recomendações e políticas de fertilizantes melhoradas para as regiões secas da África Austral. Projeto ACIAR número SMCN/2000/173 Relatório Final. ACIAR, Camberra, ACT 2601, Austrália.
13. Ding G, Liu X, Herbert S, Novak J, Amarasiriwardena D & Xing B (2005), Effect of cover crop management on soil organic matter. S.A 130, 229-239.
14. Dahlia K.R, Gregg G. Van Ryzin (2011) RESEARCH METHODS IN PRACTICE. SAGE publications Inc. Estados Unidos da América.
15. Fanadzo M., Chiduza C., Mnikeni P.N.S., Van Der Stoep I & Stevens J (2010), Crop production management practices as a cause for low water productivity at Zanyokwe Irrigation Scheme. Water SA.
16. FAO, (2008), Investing in Sustainable Agricultural Intensification. O papel da agricultura de conservação. Um quadro de ação. Organização das Nações Unidas para a Alimentação e a Agricultura, Roma.
17. Flowerdew R e Martin D (2005), Methods in human geography a guide for students doing a research project 2nd edition, Inglaterra, Pearson Prentice Hall.
18. FSSA Fertilizer Handbook (2006), the Fertilizer Society of South Africa Fifth Rev. Ed, Pretória.
19. Gichangi E. M (2008), Enhancing phosphorus availability in some phosphate fixing soils of the Transkei region, South Africa using goat manure. Tese de doutoramento. Universidade de Fort Hare.

20. Heitkamp F, Raupp J, Ludwing B, (2009). Impacto do tipo e da taxa de fertilizante nos reservatórios de carbono e nitrogênio em um camsol arenoso. Solo vegetal 319,259-275.
21. Kihanda, F.M., Warren, G.P. & Micheni, A.N (2006), Effect of manure application on crop yields and soil chemical properties in a long-term field trial of semi-arid Kenya. Nutrient Cycling in Agro- ecosystems, 76, 341-354.
22. Lal R (2012), Enhancing crop yields in the developing countries through restoration of the soil organic carbon pool in agricultural lands. Land Degrad. Dev. 2006, 17, 197-209.
23. Machete, C L , Venter, G C H , Mothabele, M & Ngobese P (2004), Documento apresentado na Conferência Regional sobre Comércio, Marketing e Distribuição de Fertilizantes, 22 - 26 de fevereiro, Pretória.
24. Meyer, J H & Wood, R A (2010) Os efeitos da fertilidade e nutrição do solo na qualidade do açúcar, África do Sul.
25. Mellenbergh, G.J e Ader, H. J (2008) Capítulo 10: construção e administração de testes e questionários. Huizen, Países Baixos: Johannes Van Kessel Publishing.
26. Morris M, Kelly V.A, Kopicki R.T, Byeriee D (2007). Utilização de fertilizantes na agricultura africana. Lessons Learned and Good practice Guidelines. Banco Mundial, Washington, DC PP.162.
27. Musanda B, (2010, Evaluation of cover crop species for biomass production, weed suppression and maize yields under irrigation in the Eastern Cape Province, South Africa.
28. Mupungwa W.T.S, WalkerHove S.L (2007). Efeitos da lavoura mínima e da cobertura vegetal no rendimento do milho e no teor de água do solo argiloso e arenoso, química física, Terra 32, 1127-1134.
29. Mupungwa W, Twomlow S, Walker S (2012). Lavoura reduzida e efeitos racionais no rendimento do milho, feijão-frade e sorgo em condições semi-áridas field crops res 132,139-148.
30. Nesamvuni A.E, Oni S.A, Odhiambo JJO, Nthakheni N.D (2003). A agricultura como pedra angular da economia da província do Limpopo. LNW's printing enterprises cc. Joanesburgo, S.A.
31. Ngosong C, Jarosch M, Raupp J, Neumann. E e Ruess. L (2010). Os impactos da

prática agrícola nos microrganismos do solo e nos fungos mirrízicos arbsulares tipo de cultura versus fertilização mineral e orgânica a longo prazo. Applied soil ecology pp46, 134-142.

32. Okigbo, I (2000), Application of organic and inorganic fertilizers and the response of maize crop (Aplicação de fertilizantes orgânicos e inorgânicos e a resposta da cultura do milho). Jornal Nigeriano de Ciência do Solo. 18 (2). 22.
33. Olatunji, O. e Ayuba, S.A (2012), Efeito de aplicações combinadas de estrume de aves e fertilizante NPK 20-10-10 nas propriedades químicas do solo e no rendimento do milho (Zea mays L.). Actas da 35ª Conferência Anual da Sociedade de Ciências do Solo da Nigéria (SSSN). 7 a 11 de março de 2011, Universidade Federal de Tecnologia de Minna.
34. Olson B.M e Papworth L.W (2006), Soil chemical changes following manure application on irrigated alfalfa and rainfad timothy in Southern Alberta.
35. Ramava J, Mamabolo. Z, Lekgoro. J (2006). Soil fertility management in South Africa learning through participatory extension approaches. Managing Africa's soils No: 19. Russell Press Nottingham UK.
36. Scheller E, Raupp J (2005). Teor de aminoácidos e de matéria orgânica do solo num ensaio a longo prazo com estrume de curral e fertilizantes minerais. Biological and Agric. Horticulture 22,379-397.
37. Tiessen K, Elliot J.Yarotcki J, Lobb D, Flaten D, Glozier N (2010), Conservation tillage and nutrient losses within the cold semi-arid Canadian prairies.
38. Walker D.T.C Gossin, Teichmeier G e Erickson (2009), o impacto da aplicação de estrume no fósforo no escoamento superficial e na erosão do solo proc. Conf. fertilidade do solo das Grandes Planícies, 5-6 de março de 2009. Denver, Colorado.
39. Wang D.M, Wang C.Z, Han X.R (2006). Efeitos da aplicação de fertilizantes a longo prazo em algumas actividades enzimáticas em solo Brunisólico Chinese journal of soil science 37,263-267. China.

Inquérito por questionário à comunidade

Informações demográficas

1. Género (sexo) Masculino .... Feminino......
2. Nível de educação dos inquiridos...........................
3. Estado civil...

4. Classificação da riqueza secundária .....
5. Dimensão do agregado familiar.......
6. A agricultura como principal fonte de rendimento ....
7. Outras fontes de rendimento ....
8. Exploração biológica ou convencional ....
9. Utilização de métodos científicos ou tradicionais ...
10. Agricultura de comercialização ou de subsistência..

Métodos utilizados para melhorar a fertilidade do solo para o cultivo de culturas

1. Que métodos utiliza para melhorar a fertilidade do solo?...........
2. Quais os métodos que prepara e porquê? ....

Prática e aplicação de métodos

1. Como é que pratica estes métodos? ....
2. Considera que estes métodos são bons? Simou ... não..............
   - Em caso afirmativo, porquê?
   - Em caso negativo, por que razão continua a utilizar estes métodos?
   - Quais são as outras alternativas?
3. Tem em conta os seguintes aspectos antes de utilizar os métodos no solo?
   - Tipos de solo
   - Cor do solo
   - Drenagem
   - Topografia
   - PH e fertilidade do solo

   .... SimNossoma ....
4. Como é que se determina a fertilidade do solo?
   - Utilizar a inspeção visual. Como?.........................
   - Utilizar medições físicas. Quais e como?...............
   - Utilizar o desempenho das culturas (por exemplo, taxa de crescimento)?

5. Recebeu alguma formação sobre a aplicação destes métodos?

Impacto destes métodos no solo e nas culturas

1. Que impactos têm estes métodos no solo e nas culturas? ....
2. Como é que se identificam os impactos de tais métodos?................
    - Olhar para a produção vegetal
    - Folha de cultura
    - comprimento
3. Qual é a eficácia destes métodos na cultura e no solo?....................
4. Que práticas de gestão do solo são utilizadas para o cultivo? ....
    - Rotação das culturas
    - Culturas intercalares
    - Culturas mistas
5. Como é que se decide qual a cultura a plantar? ....

Acessibilidade e preço dos métodos de melhoramento do solo

6. Quão acessíveis são os métodos de melhoria da fertilidade do solo?.
7. Quão acessíveis são os métodos de melhoria da fertilidade do solo?
8. Existem outros problemas que podem levar ao fracasso da cultura?

MIX
Papier aus verantwortungsvollen Quellen
Paper from responsible sources
FSC® C105338

Printed by Books on Demand GmbH, Norderstedt / Germany